职业教育建筑类专业"互联网+"创新教材

建筑装饰装修工程施工

主　编　姚晓莹

副主编　周晓慧

参　编　白　茹　吴知易

机械工业出版社

本书从职业教育教学的需求出发，基于项目任务的教学形式编写。全书分为 10 个项目，计 32 个学习任务，以建筑装饰装修各部位施工环节为主线贯穿全书。设置的项目包括绪论（建筑装饰装修工程施工概述和施工文件编制依据），建筑装饰装修工程施工的前期工作、施工机具，楼地面装饰施工，墙饰面装饰施工，吊顶装饰施工，隔墙与隔断装饰施工，幕墙工程施工，门窗工程施工，成品保护措施。每个项目都结合当前实际工程的常见做法布置学习任务，并附有相应的习题以及知识交流与拓展。

本书可以作为职业院校建筑施工技术、建筑装饰等相关专业的教材，也可以作为指导学生参加职业院校技能比赛的辅导资料，还可以作为有关技术人员的参考书和岗位培训用教材。

为方便教学，本书还配有电子课件及相关资源，凡使用本书作为授课教材的教师可登录机械工业出版社教育服务网 www.cmpedu.com 注册下载。机工社职教建筑群（教师交流 QQ 群）：221010660。咨询电话：010-88379934。

图书在版编目（CIP）数据

建筑装饰装修工程施工/姚晓莹主编. —北京：机械工业出版社，2022.11（2025.7 重印）

职业教育建筑类专业"互联网+"创新教材

ISBN 978-7-111-71525-2

Ⅰ.①建… Ⅱ.①姚… Ⅲ.①建筑装饰-工程施工-高等职业教育-教材 Ⅳ.①TU767

中国版本图书馆 CIP 数据核字（2022）第 158993 号

机械工业出版社（北京市百万庄大街 22 号 邮政编码 100037）

策划编辑：沈百琦 责任编辑：沈百琦 于伟蓉
责任校对：肖 琳 王明欣 封面设计：马精明
责任印制：张 博

北京机工印刷厂有限公司印刷

2025 年 7 月第 1 版第 2 次印刷

184mm×260mm · 16.25 印张 · 278 千字

标准书号：ISBN 978-7-111-71525-2

定价：49.00 元

电话服务　　　　　　　　　　网络服务

客服电话：010-88361066　　机　工　官　网：www.cmpbook.com
　　　　　010-88379833　　机　工　官　博：weibo.com/cmp1952
　　　　　010-68326294　　金　书　网：www.golden-book.com

封底无防伪标均为盗版　　机工教育服务网：www.cmpedu.com

前　言

　　本书是在职业教育教学改革的背景下，为培养学生具备适应建筑装饰行业的就业能力，强化实践与实训教学环节的需要而编写的。

　　本书的主要特色如下：

1. 坚持"教材"为育人纲要，以典型项目任务为载体

　　本书设置 10 个项目，计 32 个学习任务，围绕着建筑装饰工程的核心任务，本着"够用、实用"的原则，展开知识、技能的学习和训练，淡化理论叙述，强调实际的工艺做法。

2. 根据项目内容，导入目标任务

　　第一，根据项目内容布置具体的学习任务，明确任务重点；第二，导入完成该学习任务所需要的相关知识；第三，在任务实施中，强调其具体的工作步骤或需要的相关知识；第四，以知识总结或复习笔记的形式，汇总知识点；第五，若要深入学习，可进入实训或拓展环节。

3. 关注行业趋势，紧密结合实际工作

　　本书布置的任务内容，全部紧贴当前装饰行业的工作情境。目前建筑装饰装修施工有很多新方法，尤其是工装做法，其工艺往往是跟随新材料的出现而改变的。本书根据行业需求，结合现行的标准及规范，重点介绍了当下建筑装饰行业普遍采用的模式和方法，以及施工现场质量控制、施工安全、竣工验收等方面的内容，为学生将来适应工作岗位打下基础。

4. 注重法律法规的时效性

　　本书引用的适用于建筑装饰行业的法律、条例、规范等，都是现行版本，注重其时效性。

　　本书建议总学时为 72 学时，根据不同任务的重难点进行分配，注重理论教学与实践经验的相互结合。任课教师可根据教学大纲要求，灵活分配具体学时。

　　本书由天津市建筑工程学校姚晓莹担任主编，周晓慧担任副主编，白茹、吴知易参加了编写。编写分工为：姚晓莹编写项目6、项目9和项目10；周晓慧编写项目1~项目3；白茹编写项目4、项目5和项目7；吴知易编写项目8。

　　本书在编写过程中得到了学校领导、同事的支持与帮助，在此表示感谢。

　　由于建筑装饰的行业需求会随着国家法律、政策的调整，以及工程实践而变化，加之编者水平有限，书中难免存在疏漏和不妥之处，恳请读者、同行提出宝贵的意见和建议。

编　者

本书微课视频清单

序号	名称	图形	序号	名称	图形
1	手电钻的使用		9	铺木地板	
2	手电钻瓷砖打孔		10	贴墙面砖	
3	推刀的用法		11	轻钢龙骨隔断墙	
4	水磨石的打磨		12	玻璃隔断墙	
5	瓷砖的切割		13	刮腻子	
6	铺地面石材		14	贴墙纸	
7	室内地砖铺贴		15	轻钢龙骨的切割操作	
8	铺室外便道石英砂砖——干铺法				

目　录

项目1 绪 论

【导读】

本项目主要将建筑装饰装修工程的作用、特点、内容、分类、等级及要求作为切入点，对建筑装饰装修工程的基本知识进行概述讲解。

【知识目标】

1. 熟悉建筑装饰装修工程施工的作用、特点。
2. 掌握建筑装饰装修工程施工的内容、分类。
3. 掌握建筑装饰装修工程施工的等级及要求。

【能力目标】

1. 了解建筑装饰装修工程施工的分类。
2. 学会建筑装饰装修工程施工等级的划分。

任务 1.1 建筑装饰装修工程施工概述

装饰装修工程是现代建筑工程的有机组成部分，是对现代建筑工程进行延伸、深化和完善的工程措施。建筑装饰装修是为保护建筑物的主体结构、完善建筑物的使用功能、美化建筑物而采用装饰装修材料或饰物，对建筑物的内外表面及空间进行的各种处理过程。

1.1.1 建筑装饰装修工程施工的作用和特点

1. 建筑装饰装修工程施工的作用

（1）美化环境，满足使用功能要求 建筑装饰装修工程施工对于改善建筑内外空间环境的清洁卫生条件，美化生活和工作环境，具有显著的功能作用。同时，装饰装修工程施工能够合理规划建筑空间，对其进行艺术分隔，布置合适的家具和装饰物，大大增强建筑的实用性。

（2）保护建筑结构，增强耐久性　建筑物的耐久性受结构设计、施工质量、荷载以及外界环境因素等多方面的影响。从装饰角度分析，它的影响因素有两方面：一是由于自然条件的作用，如水泥制品会因大气的作用变得疏松，钢材会氧化而锈蚀，竹木会因微生物的侵蚀而腐朽；二是人为因素的影响，如在使用过程中由于碰撞、磨损以及水、火、酸、碱的作用而造成破坏。通过建筑装饰装修工程施工，采用现代装饰材料及科学合理的施工工艺，对建筑结构进行有效的包覆，能够使其免受风吹雨打、湿气侵袭，有害介质的腐蚀，以及机械作用的伤害，从而起到保护建筑结构，增强耐久性和延长建筑物使用寿命的作用。

（3）体现建筑物的艺术性　建筑是人的活动空间，人在这个活动空间通过视觉、触觉、意识、情感等直接感受到建筑装饰装修工程施工所营造的效果。所以，建筑装饰装修工程施工具有综合艺术的特点，其艺术效果和所形成的氛围，强烈而深切地影响着人们的审美情趣，甚至影响人们的意识和行动。一个具有优质而先进的装饰材料、规范而精细的装饰装修施工过程成功的装饰设计方案可使建筑获得理想的艺术价值而富有永恒的魅力。建筑装饰造型的优美、色彩的华丽或典雅，材料或饰面的独特，装饰线条与花饰图案的巧妙处理，细部构件的体形、尺度、比例的协调把握，是构成建筑艺术和环境美化的重要手段和主要内容，而这些要素都要通过装饰装修施工去实现。

（4）协调建筑结构与设备之间的关系　建筑空间为了满足人们日常生活需要，需要在内部设置大量的构配件和各种设备、管线，这就导致建筑空间管线穿插，设施交错，为了理顺这种错综复杂的关系，可以通过装饰装修施工来改善布局、隐蔽不美观之处。如吊顶处理就能综合协调解决空调送风、照明设施、消防自动喷淋、音响及烟感报警等装置和管线穿插问题。再如架空与活动地板、护墙板、装饰包柱、暖气柜、女儿墙压顶板、伸缩缝成型板等装饰处理措施和设置，既满足了建筑结构和设备的要求，将一些不宜明露的部分做隐蔽处理，又满足了使用功能，还起到了美化空间环境的作用。

2. 建筑装饰装修工程施工的特点

（1）建筑装饰装修工程施工的附着性　建筑装饰与建筑物密不可分，不能脱离建筑物而单独存在。装饰装修施工是围绕建筑的主体结构表面附着的装饰层空间来进行的，是对建筑功能的延伸、补充和完善，因此，施工过程中不能损害建筑功能、破坏结构安全、影响通风、造成卫生隐患等。这就要求装饰装修施工人员在施工中能够客观、合理地处理建筑主体结构、空间环境、使用功能、工程造价、业主要求和施工工艺等多方面复杂的关系，确保建筑装饰施工按功能要求高质量地顺利进行。

（2）建筑装饰装修工程施工的规范性　建筑装饰装修工程施工在构造、施工工艺操作和施工顺序的处理上必须严格遵守国家颁布的现行的施工和验收规范，所用材料及其应用技术应符合国家和行业颁布的相关标准。装饰装修工程施工项目中实行招标、投标制的，应确认建筑装饰装修工程施工企业和施工队伍的资质等级和施工能力。在施工过程中应由建设单位或建设监理机构予以监理，工程竣工后应通过质量监督部门及有关方面组织严格检查验收。

（3）建筑装饰装修工程施工的严肃性　建筑装饰装修的很多项目都与使用者的生活、工作及日常活动直接关联，施工工艺务必按照规范进行操作，甚至有的工艺要求达到较高的专业水准。而装饰装修的最终效果多数是以饰面来呈现，许多对工程质量起到关键作用的隐蔽部位不能显现出来，有时候隐蔽部位的质量问题被表面的美化修饰所覆盖，这就容易形成质量和安全隐患。比如大量的预埋件、连接件、铆固件、骨架杆件、焊接件、饰面板下部的基面或基层的处理，防潮、防腐、防虫、防火、防水、绝缘、隔声等功能性与安全牢固性的构造和处理，包括钉件质量、规格，螺栓及各种连接紧固件设置的位置、数量及埋入深度等。因此，凡是从事装饰装修的人员应具有严格执行国家政策和法规的强烈意识，应秉承严肃的态度、高度的责任感来从事这一行业。施工人员必须是经过专业和职业培训的持证人员，技术人员应具备美学知识、审图能力、专业技能和及时发现问题与及时处理问题的能力，以保障施工质量和安全。

（4）建筑装饰装修工程施工组织管理的严密性　建筑装饰装修工程施工作业场地狭小，施工工期紧。对于新建工程项目，装饰装修施工是最后一道工序，为了尽快投入使用，发挥投资效益，一般都需要抢工期。对于改扩建工程，常常是边使用边施工。而建筑装饰装修施工工序繁多，施工人员工种复杂，工序之间需要平行、交叉、轮流作业，材料、机具的频繁搬动经常会造成施工现场拥挤滞塞的局面，这就给施工组织管理带来了一定的难度。所以装饰装修施工要以施工组织设计作为指导性文件和切实可行的科学管理方案，现场配备具有专门知识和经验的组织管理人员，对材料的进场顺序、堆放位置、施工顺序、施工操作方式、工艺检验、质量标准等进行严格控制，随时指挥调度，这样才能使建筑装饰装修施工严密地、有组织地、按计划地顺利进行。

1.1.2　建筑装饰装修工程施工的内容和分类

1. 按装饰装修工程施工的项目划分

《建筑装饰装修工程质量验收标准》（GB 50210—2018）将装饰装修工程大致分成建筑抹灰工程、外墙防水工程、门窗工程、吊顶工程、轻质隔墙工程、饰面板工程、饰面砖工程、幕墙工程、涂饰工程、裱糊与软包工程、细部工程等。

2. 按装饰装修工程施工的部位划分

对室外而言，建筑的外墙面、台阶、入口、门窗、屋顶、檐口、雨棚、建筑小品等都必须进行装饰。

对室内而言，建筑的内墙面、吊顶、楼地面、隔断、隔墙、楼梯以及室内的灯具、家具陈设等也都属于装饰装修工程的范畴。

3. 按装饰装修的材料分类

市场上用于装饰装修的材料种类很多，从普通的灰浆材料到新出的各种新型绿色环保材料，种类数不胜数。其中，比较常见的有：

（1）各种灰浆材料　如水泥砂浆、混合砂浆、白灰砂浆、石膏砂浆、石灰浆等。这类材料分别可用于内墙面、外墙面、楼地面、顶棚等部位的装饰装修。

（2）各种涂料　如各种溶剂型涂料、乳液型涂料、水溶性涂料、无机高分子系建筑涂料。各种不同的涂料分别可用于外墙面、内墙面、顶棚及地面的涂饰。

（3）水泥石碴材料　即以各种颜色、质感的石碴作骨料，以水泥作胶凝材料的装饰装修材料，如水刷石、干粘石、剁斧石、水磨石等。这类材料中，除水磨石主要用于楼地面做法外，其他材料则主要用于外墙面的装饰装修。

（4）天然或人造块材　如天然大理石、天然花岗石、青石板、人造大理石、人造花岗石、预制水磨石、釉面砖、外墙面砖、陶瓷锦砖等。石材按尺寸大小又分为大规格的和小规格的。根据块材的质地、特性，可分别用于外墙面、内墙面、楼地面等部位的装饰装修。

（5）卷材　如各类壁纸、玻璃纤维贴墙布、无纺贴墙布、织锦缎等，主要用于内墙面的装饰装修。另外，还有主要用于楼地面装饰装修的卷材，如塑料地板革、纯毛地毯、化纤地毯、橡胶绒地毯等。

（6）饰面板材　这里所指的饰面板材，是指除天然或人造块材之外各种材料制成的装饰装修用板材。如各种木质胶合板、铝合金板、钢板、搪瓷板、镀锌板、铝塑板、塑料板、纸面石膏板、水泥石棉板、矿棉板、玻璃以及各种复合贴面板材等。这类饰面板材类型有很多，可分别用于外墙面、内墙面以及顶棚的装饰装修，有些还可以作为活动地板的面层材料。

4. 按构造做法划分

（1）清水类做法　这类做法是在砖砌体砌筑或混凝土浇筑成型后，在其表面仅做水泥砂浆勾缝或涂透明色浆，以保持砖砌体或混凝土结构的材料所特有的装饰装修效果。清水类做法历史悠久，装饰装修效果独特，且材料成本低廉，在外墙面及内墙面（多为局部采用）的装饰装修中，仍不失为一种很好的方法。

（2）涂料类做法　涂料类做法是在对处理过的基层上涂刷上各种建筑涂料。涂料类做法几乎适用于室内外各种部位的装饰装修，其主要特点是省工省料，施工简便，便于采用施工机械，因而工效较高，便于维修更新；缺点是其有效使用年限相比其他装饰装修做法来说比较短。

（3）块材铺贴式做法　块材铺贴式做法是将各种石材、面砖利用水泥砂浆等胶结材料粘贴在基层上。该方法耐久性好，施工方便，装饰装修质量和效果都比较好，而且用于室内时容易清洁；缺点是需要手工操作，工效低，造价高。

（4）整体式做法　整体式做法是采用各种灰浆材料或水泥石碴类材料，在基层上以湿作业的方式分层制作完成。该方法材料来源广泛，施工简单，成本低，但是容易出现开裂、变色等缺陷，需要手工操作，工效低。

（5）骨架铺装式做法　较大规格的石材难以用水泥砂浆粘贴来保证其牢固性，各种板材也不能以水泥砂浆作为粘贴层的材料。对于这类材料，一般以木材或金属型材在基层上形成骨架，然后将各类板材以钉、卡、挂、胶结等方式牢固地固定在骨架上，以达到装饰效果。这种方法避免了湿作业施工，制作安装简便，装饰效果较好。

（6）卷材粘贴式做法　卷材粘贴式做法是将各种壁纸、墙布等卷材直接粘贴在经过处理过的基层上。该方法装饰装修性比较好，造价经济，施工简便，但是一般只用于室内装修。

1.1.3　建筑装饰装修工程施工的等级及要求

1. 建筑装饰装修的等级

建筑装饰装修等级是根据建筑物的类型、建筑等级、建筑性质来划分的，建筑物等级越高，建筑装饰装修等级也越高。按国家有关规定，建筑装饰装修等级可分为三级，其适用范围见表 1-1。同时可根据建筑物各部位所允许使用的材料和做法，对不同类型建筑的装饰装修标准加以区分，装饰装修标准可参考表 1-2。建筑装饰装修的做法应根据建筑物的类型、所处规划位置以及造价控制等方面的要求来选择，但是建筑装饰装修等级和标准的确定不宜一概而论。同类型的建筑物，当其所处规划位置不同时，比如是在沿城市主要干道的两侧，还是在一般的小区街坊，在装饰装修的标准上可能会有区别；同一栋建筑中，不同用途的房间也应采用不同的标准。

表 1-1　建筑装饰装修等级

建筑装饰装修等级	建筑物类型
一级	高级宾馆、别墅、纪念性建筑、大型博览建筑、大型观演建筑、大型体育建筑、一级行政机关办公楼、市级商场
二级	科研建筑、高教建筑、普通博览建筑、普通观演建筑、普通交通建筑、普通体育建筑、广播通信建筑、医疗建筑、商业建筑、旅馆建筑、局级以上行政办公楼
三级	中小学和托幼建筑、生活服务建筑、普通行政办公楼、普通居住建筑

表 1-2　建筑内外装饰装修的标准

装饰装修等级	房间名称	部位	内装饰装修标准及材料	外装饰装修标准及材料	备注
一级	全部房间	墙面	塑料墙纸（布）、织物墙面、大理石、装饰板、木墙裙、各种面砖、内墙涂料	花岗石、面砖、无机涂料、金属墙板、玻璃幕墙、大理石	1. 材料根据国家或企业标准按优等品验收 2. 高级标准施工
		楼地面	软木橡胶地板、各种塑料地板、大理石、彩色脚石、地毯、木制地板		
		顶棚	金属装饰板、塑料装饰板、金属墙纸、塑料墙纸、装饰吸音板、玻璃顶棚、灯具顶棚	室外雨棚下、悬挂部分的楼板下可参照内装修顶棚处理	
		门窗	夹板门、推拉门、带木镶边板或大理石镶边、窗帘盒	各种颜色玻璃铝合金门窗、特质木门窗、钢窗、光电感应门、遮阳板、卷帘门窗	
		其他部位	各种金属、竹木花格、自动扶梯、有机玻璃栏板、各种花饰、灯具、空调、防火设备、暖气罩、高档卫生设备	局部屋檐、屋顶，可用各种瓦件、各种金属装饰物（可少用）	

（续）

装饰装修等级	房间名称	部位	内装饰装修标准及材料	外装饰装修标准及材料	备注
二级	门厅、走道、楼梯、普通房间	地面、楼面	彩色水磨石、地毯、各种塑料地板、卷材地毯、碎拼大理石地面		1. 功能上有特殊要求者除外 2. 材料根据国家或企业标准按局部优等品，一般为一级品验收 3. 按部分为高级，一般为中级标准施工
		墙面	各种内墙涂料、装饰抹灰、窗帘盒、暖气罩	主要立面可用面砖，局部可用大理石、无机涂料	
		顶棚	混合砂浆、石灰罩面、板材（钙塑板、胶合板）、吸音板		
		门窗		普通钢、木门窗，主要入口可用铝合金	
	厕所、盥洗间	地面	普通水磨石、马赛克、1.4～1.7m高度内的瓷砖墙裙		
		墙面	水泥砂浆		
		顶棚	混合砂浆、石灰膏罩面		
		门窗	普通钢木门窗		
三级	一般房间	地面	水泥砂浆地面、局部水磨石		1. 材料根据国家或企业标准按局部为一级品，一般为合格品验收 2. 按部分为中级，一般为普通标准施工
		顶棚	混合砂浆、石灰膏罩面	同室内	
		墙面	混合砂浆色浆粉刷，可赛银或乳胶漆，局部油漆墙裙，柱子不做特殊装饰	局部可用面砖，大部分用水刷石或干粘石、无机涂料、色浆粉刷、清水砖	
		其他	文体用房、托幼小班可用木地板、窗饰橱，除托幼外不设暖气罩，不准用钢饰件。禁用白水泥、大理石、铝合金门窗，不贴墙纸	禁用大理石、金属外墙装饰面板	
	门厅、楼梯、走道		除门厅可局部吊顶外，其他同一般房间，楼梯用金属栏杆，木扶手或抹灰栏板		
	厕所、盥洗间		水泥砂浆地面、水泥砂浆墙裙		

2. 建筑装饰装修的基本要求

建筑装饰装修工程应该满足耐久性、安全牢固性和经济性三方面的基本要求。

（1）耐久性 装饰装修的耐久性包括两方面的内容：一是使用上的耐久性，指抵御使用上的损伤、性能减退等；二是装饰装修质量的耐久性，包括粘结牢固、材质保持自身特性等。

（2）安全牢固性 安全牢固性是指装饰装修材料本身应具有足够的强度和

力学性能，面层与基层之间应使用可靠稳固的连接方法。

（3）经济性 装饰装修工程在保证工程质量的前提下应通过合理选材、简化施工、缩短工期来取得一定的经济效益。

随着文化、经济、科技的发展，人们对装饰装修有了更高的追求，环保意识得到空前提高。传统的装饰装修行业中，噪声、粉尘、空气污染严重危害人体健康，新材料、绿色节能施工技术将是装饰装修工程施工发展的方向，所以除了上述基本要求，环保也是装饰装修工程施工重要的要求之一。

任务1.2 施工文件编制依据

1.2.1 编制说明

装饰装修工程的施工应在认真领会招标文件的基础上，根据工程情况、特点，结合施工单位的施工能力、技术力量和机具的配套情况，以满足招标文件各项要求的前提下组织施工。施工前应对各分项工程、关键工序的相互协调、相互衔接等问题，制定相应的技术和组织措施，严格按照施工组织设计施工，按期、优质、高效地完成施工任务。

1.2.2 采用标准及规范

对于较大规模的装饰装修工程，例如公共建筑的装饰装修，其施工质量应严格遵循《建筑工程施工质量验收统一标准》（GB 50300—2013）和《建筑装饰装修工程质量验收标准》（GB 50210—2018）的标准要求。住宅建筑应依据《住宅装饰装修工程施工规范》（GB 50327—2001）、《住宅室内装饰装修工程质量验收规范》（JGJ/T 304—2013）的标准要求进行施工和验收。

项目2　建筑装饰装修工程施工的前期工作

📲【导读】

　　本项目简单介绍建筑装饰装修工程施工的前期工作，包括施工总体部署内容、施工各部门的职责、现场的管理流程、施工用水用电计划。

📲【知识目标】

　　1. 了解施工总体部署的内容、原则。

　　2. 熟悉建筑装饰装修工程施工现场的管理流程。

　　3. 熟悉建筑装饰装修工程施工各主管部门的职责。

　　4. 了解施工用水用电计划。

📲【能力目标】

　　了解施工现场的总体部署和管理内容。

任务 2.1　施工总体部署

　　建筑装饰装修施工总体部署是对整个工程全局做出的统筹规划和全面安排，主要解决影响建设项目全局的重大战略问题。由于装饰装修项目的性质、规模和客观条件不同，具体部署情况和侧重点会有所不同。

2.1.1　内容

　　建筑装饰装修施工总体部署一般应包括以下内容：

　　1）确定工程开展程序。

2）拟定主要施工项目的施工方案。

3）明确施工任务划分与组织设计。

4）编制施工工作计划。

2.1.2 原则

建筑装饰装修施工总体部署要以确保工程质量、工期为原则，要充分预测施工中可能出现的问题、不同专业穿插施工带来的影响和难以确定的因素。在进行施工安排时要采取"空间占满"的方法，合理安排施工平面和立面同时施工，尽可能利用空间，在时间上协调统一，确保工程如期完成。

任务 2.2 主管部门主要职责

2.2.1 项目部职责

施工项目部负责组织实施施工合同范围内的具体工作，执行有关法律法规及规章制度，对项目施工安全、质量、进度、造价、技术等实施现场管理。

2.2.2 具体人员职责分工

1. 项目技术负责人

项目技术负责人主要负责对各专业工种进行技术交底，对施工质量、进度、文明施工负责技术指导和监督，及时解决施工中出现的技术质量问题，组织实施施工组织设计和施工方案，组织落实施工管理的各项措施，在施工技术、工程质量方面负主要责任。

2. 项目施工统计员

项目施工统计员需要对项目的资金使用、收入、分配进行预测、控制、计划、核算，从而进行合理调配，还要负责施工进度计划调整。

3. 项目质检员

项目质检员主要对各工序的工程质量进行控制，配合技术人员做好技术工作，并将质检资料整理存档。

4. 项目材料采购员

项目材料采购员负责材料的采购、验收、出入库，按设计和施工要求确保材料质量、供货时间和存货安全。

5. 项目安全员

项目安全员要对施工现场的施工安全、防火安全等进行管理，组织制定各种安全管理措施，并落实安全技术交底和各项安全制度的执行情况。

任务 2.3　现场管理总体流程

2.3.1　准备工作

建筑装饰装修工程施工前的准备工作主要包括技术准备和施工条件准备两项内容。

技术准备工作：①认真查看图纸，了解设计意图，解决好施工技术和施工工艺间的矛盾；②编制好施工组织设计文件；③计算分项工程的工程量，分析劳动力和技术力量，建立施工技术管理机构组织。

施工条件的准备：①材料、人员、机具按进度要求进场；②需加工订货的成品、半成品，根据施工进度计划已落实；③室内装修工程可以满足封闭施工。

2.3.2　技术交底

施工前负责项目管理的技术人员要对施工作业班组、作业人员就装饰装修施工的各项安全技术要求，做出详细交底说明。交底要分不同工种和不同对象进行，内容要有针对性，主要包括施工材料要求、施工方法、质量标准、成品保护措施、安全操作规程和违章作业的危害、施工中可能出现的问题及应对措施等。

2.3.3　现场施工

现场施工是建筑装饰装修工程的实施阶段，在此期间主要搞好各工种之间的协调，制定切实可行的质量安全措施，做好物资供应、技术资料的整理工作。施工人员要按照施工图纸和规范进行施工，对于已完工的部分要及时做好保护工作，及时清理现场以备验收。

2.3.4　成品保护

成品保护工作是建立良好的现场施工顺序的前提，施工人员要树立"成品保护工作首先是保护他人的成品"的意识。对施工完成的分部分项工程、完工的施工区域进行成品保护，做好相应保养、围护。对质量要求高的特殊成品部位、区域要重点保护，配备有效的成品保护栏加强保护力度。尽量避免重复作业，避免因污染、损坏而返工，保证整个工程质量目标的实现。

2.3.5 质量评定

工程完成后要及时组织验收，隐蔽工程的验收要在该项工程完成后进行。验收时要按照建筑装饰装修工程的质量评定标准和验收规范进行，验收合格的才能交付使用。如果质量评定不符合有关规定的要求，必须采取措施进行整改，待质量评定合格后再交付使用。

任务 2.4 施工用水用电

2.4.1 用水计划

建筑装饰装修施工的临时用水量主要包括水泥砂浆搅拌用水、地面找平用水、临时生活用水、施工现场消防用水及临时办公用水。现场临时用水一般由建设单位提供现场供给水源，施工时直接引至临时集中用水点。

2.4.2 用电计划

施工现场用电要确保人身安全和设备安全，并使施工现场用电设施的设计、施工、运行和维护做到安全可靠。施工现场的用电主要包括各种机械工具用电、施工临时照明。用电计划的编制内容主要包括：

1）施工临时用电实施依据。

2）施工临时用电组织实施计划。

3）施工临时用电系统的设立。

4）施工临时用电安全技术措施。

5）用电安全技术管理。

6）电器防火。

项目3　建筑装饰装修工程施工机具

【导读】

本项目主要介绍装饰装修工程常用施工机具，即手工工具和电动工具，并分类介绍不同手工工具、电动工具的用途、性能和使用注意事项。

【知识目标】

1. 了解手工工具、电动工具的分类。
2. 熟悉常见手工工具的用途。
3. 熟悉常用电动工具的性能和使用。

【能力目标】

掌握装饰装修常见施工机具的性能和使用。

任务3.1　装饰装修工程施工机具的类型

本学习任务将介绍装饰装修施工中常见的机具类型，由于很多机具在使用时具有一定危险性，因此我们在学习过程中要了解机具的特点，掌握机具操作注意事项，本着"安全第一"的原则进行施工。

3.1.1　手工工具

装饰装修施工中常用的手工工具主要有各种抹子、刷子、计量检测工具、抹灰工具、盛装用具、砂浆施工用具等。

1. 抹子

（1）铁抹子　铁抹子主要用于抹底层灰或水刷石、水磨石面层，有圆头和方头两种，如图 3-1、图 3-2 所示。

图 3-1　方头铁抹子

图 3-2　圆头铁抹子

（2）塑料抹子　塑料抹子是用聚乙烯等硬质塑料制成，主要用于纸筋灰、麻刀灰面层的压光，如图 3-3 所示。

（3）木抹子　木抹子主要用于砂浆的搓平和压实，有圆头和方头两种，方头木抹子如图 3-4 所示。

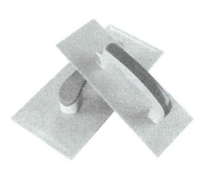

图 3-3　塑料抹子

（4）阴阳角抹子　阴阳角抹子用于阴角、阳角的抹灰、压实、压光，有尖角和圆角之分，如图 3-5 所示。

图 3-4　方头木抹子

图 3-5　阴阳角抹子

（5）捋角器　捋角器用于捋水泥抱角或者做护角。

（6）小压子（抿子）　小压子又叫抿子，主要用于细部抹灰压实。

2. 刷子

装饰装修施工常用刷子如图 3-6~图 3-9 所示。

图 3-6　长毛刷

图 3-7　猪鬃刷

图 3-8　钢丝刷

图 3-9　扫帚

（1）长毛刷　长毛刷可用于室内抹灰、洒水。

（2）猪鬃刷　猪鬃刷主要用于拉毛灰时长毛刷刷不到的地方以及刷洗水刷石。

（3）钢丝刷　钢丝刷主要用于清刷基层。

（4）扫帚　扫帚主要用于基层清理或者木抹子搓平时洒水。

3. 盛水用具

盛水木桶一般由铁皮制或者用油漆空桶代替。洒水一般用塑料或白铁皮（镀锌薄钢板）制成的喷壶，浇水多用塑料或白铁皮制成的水壶，如图 3-10、图 3-11 所示。

图 3-10　洒水壶

图 3-11　浇水壶

4. 砂浆拌制、运输和存放工具

（1）铁锹　铁锹又称铁锨，有方头和圆头两种，如图 3-12 所示，一般用于砂浆的拌制、盛车。

（2）灰镐、灰耙　灰镐和灰耙多用于手工拌和砂浆。

（3）筛子　筛子根据孔径不同，有 15mm、10mm、8mm、5mm、3mm、1mm 等多种规格，用于筛分砂。

（4）灰槽 灰槽有铁质、木制、橡胶等材质，用于储存拌制好的砂浆，如图 3-13 所示。

（5）手推车 手推车可以进行短距离运送砂浆、砂等材料，如图 3-14 所示。

（6）料斗 料斗一般是铁制的，可以作为起重机运输或者抹灰时对砂浆进行转运的工具。

图 3-12 铁锹

5. 其他手工工具

（1）托灰板 抹灰操作时用拖灰板承托砂浆，方便操作，如图 3-15 所示。

图 3-13 灰槽

图 3-14 手推车

（2）木杠 木杠用于地面、墙面的抹灰层找平，按照长短分长杠（250～350cm）、中杠（200～250cm）、短杠（150cm 左右）。

（3）八字靠尺 八字靠尺是做棱角时的一种依据，使用时可以按需截取。

（4）靠尺板 靠尺板是一种厚板，用于抹灰线做接角。

（5）钢筋卡子 钢筋卡子用于卡紧靠尺板和八字靠尺。

（6）方尺（兜尺） 方尺用于测量阴阳角方正。

（7）量尺 量尺用于丈量各种尺寸。

（8）分格条 分格条也叫米厘条，用于墙面分格或做滴水槽，如图 3-16 所示。

（9）粉线包 粉线包用于弹线，比如水平线、分格线。

（10）墨盒 墨盒用于弹线时做线标记，如图 3-17 所示。

（11）分格器 分格器又叫披缝溜子或抽筋铁板，在抹灰面层时用来分格。

（12）钻子、手锤 基层清理时难以清除的地方或者孔眼剔槽可以借助钻子、水锤等工具，手锤如图 3-18 所示。

（13）溜子 溜子根据缝宽用不同直径的钢筋制成，用于做抹灰分隔缝，如图 3-19 所示。

图 3-15　托灰板

图 3-16　分格条

图 3-17　墨盒

图 3-18　手锤

图 3-19　溜子

3.1.2　电动工具

建筑装饰装修工程中用到的电动工具种类很多，尤其是轻型施工机具，本项目下面的内容根据电动工具的用途不同，主要介绍钻孔机具、装饰木作机具和金属型材加工机具。

任务 3.2　钻 孔 机 具

3.2.1　常见的钻孔机具及应用

钻孔机具主要是指用来对木材、金属、塑料等类似材料或工件进行钻孔的电动工具。目前装饰装修工程中常用的钻孔机具有微手电钻、冲击电钻、电锤、风动冲击钻。

3.2.2　使用方法及注意事项

1. 手电钻

手电钻又称为手枪钻，是用于金属材料、塑料、木材等钻孔的工具，如

图 3-20、图 3-21 所示。这种电钻因体型小、携带方便，在建筑装饰装修行业中得到广泛应用。手电钻在操作时应注意钻头要平稳钻进，防止跳动或摇晃，要经常提出钻头去掉钻渣，以免钻渣阻碍前进指示钻头在工件中扭断。

图 3-20 手电钻

2. 冲击电钻

冲击电钻是以旋转切削为主，选择单钻模式时可以像普通电钻一样对金属、塑料等类似材料进行钻孔，也可以选择冲击钻模式用于砖、砌块、轻质墙等硬质材料的钻孔。冲击电钻如图 3-22 所示。

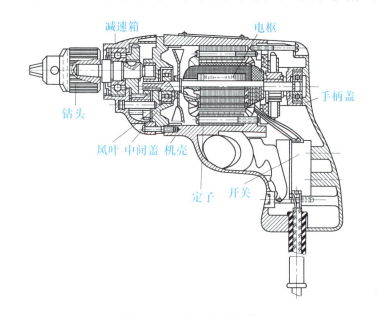

图 3-21 手电钻结构图

手电钻的使用

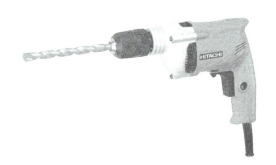

图 3-22 冲击电钻

手电钻瓷砖打孔

使用注意事项：

1）操作前必须查看电源是否与电动工具上的额定电压相符，以免接错。

2）使用前先检查线路、机体绝缘保护，并根据是否需要冲击而选择好相应的钻头和旋钮位置，调节好电钻深度尺、垂直、平衡。

3）使用过程中如有异声应立即停止使用；如发现旋速降低，应先放松压力，再停机检查。钻孔时突然刹停应立即切断电源。

4）移动冲击钻时应手握机具手柄，严禁用拖拉电线的方法移动，防止轧坏或割破。

5）操作时要徐徐均匀的用力，切记不可用力过猛或出现歪斜操作，不可强行使用超大钻头。

3. 电锤

电锤是附有气动锤击机构的一种带安全离合器的电动式旋转锤钻，兼备冲击和旋转两种功能。它是利用活塞运动的原理，压缩气体冲击钻头，不需要手使多大的力气，开孔效率高、孔径大、钻孔深度长，主要用于在混凝土、楼板、砖墙和石材等硬性材料上钻孔，但不能在金属材料上开孔。电锤及其结构如图 3-23 和图 3-24 所示。

图 3-23　电锤

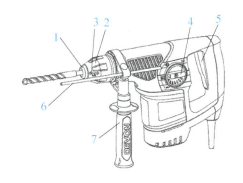

图 3-24　电锤结构图

1—防尘帽　2—外套　3—快换夹头　4—功能选换旋钮

5—起停开关　6—导尺　7—辅助手柄

使用注意事项：

1）使用前应检查电源和线路，电源线应无破损，且有良好的接地。

2）使用前还应该检查电锤内外的机械连接情况，外壳、手柄应无裂缝、破损，各种保护罩要齐全，钻头选择要合适，如磨损明显应及时更换。

3）机具启动后，应空载运转，检查无误再进行正式操作。作业时，加力应平稳，不得用力过猛。

4）电锤工作应为断续工作制，不得长时间连续使用，以防烧坏电动机。

5）钻孔时，应注意避开混凝土中的钢筋。

6）严禁超载使用。作业中应注意声响及温升，发现异常立即停机检查。当作业时间过长，机具温升超过 60℃时，应停机，待自然冷却后再行作业。

7）电锤使用后应及时将电源插头拔离插座。平时应注意维护保养。

4. 电动自攻螺钉钻

电动自攻螺钉钻是专门用于装卸自攻螺钉的一种机具，在装饰装修工程中主要用于轻钢龙骨、铝合金龙骨自身的安装以及饰面板的安装。安装面板时可以避免预先钻孔，而是利用自身高速旋转将螺钉固定在基层中，螺钉直径一般为 4mm、6mm 等。

任务 3.3　装饰木作机具

3.3.1　品种介绍

装饰木作机具的种类有很多，包含量具、划线工具、刨削工具、凿孔机具、钻孔机具等。我们就几个常用的电动工具进行介绍。

3.3.2　使用方法及注意事项

1. 手持电圆锯

手持电圆锯，手持操作，用于切割不方便移动的木材、纤维板等，如图 3-25、图 3-26 所示。便携式手持电圆锯，自重轻，操作方便，在装饰木作施工中得到广泛应用。便携式木工电圆锯从构造上分为电动机、锯片、锯片高度定位装置和防护装置四部分。通过配置不同锯片可以切割不同的材料，锯片高度定位装置用来控制切割尺寸。

手持电圆锯在使用时应注意以下几点：

1）使用前要检查选择的锯片是否和切割材料相符，例如细齿锯片能快速切割软、硬木的横纹，无齿锯片还可以切割砖、金属等硬质材料。

2）操作时右手紧握电锯，左手离开。同时，锯片要避开电缆，以免切坏电缆和妨碍施工。

3）操作过程中要平稳操作，随意改变锯割方向可能会发生阻塞、损坏锯片等后果。

4）锯割快结束时，要握紧电锯，避免发生倾斜和翻倒，待锯片完全停止时，人

图 3-25 手持电圆锯

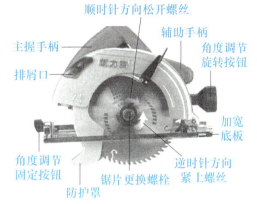

顺时针方向松开螺丝
主握手柄
辅助手柄
排屑口
角度调节旋转按钮
加宽底板
角度调节固定按钮
逆时针方向紧上螺丝
锯片更换螺栓
防护罩

图 3-26 手持电圆锯结构图

手才能靠近锯片。

5）更换锯片时，要将锯片转至正常方向，不要使用钝锯片导致切割不合格。

2. 手持电刨

手持电刨用于刨削木材表面，使其变得平整、光滑。手持电刨体积小，效率高，如图 3-27 所示。

使用时应注意以下几点：

1）使用前对电刨的电绝缘、零部件等进行检查，确认没有问题后方可投入使用。

图 3-27 手持电刨

2）在刨削行程范围内，前后不得站人，不准将头、手伸到工具前观察切削部分和刀具，未停稳前，不准测量工件或清除切屑。

3）操作时吃刀量和进刀量要适当，进刀前应使刨刀缓慢接近工件。

4）刀片变钝后应卸下重磨或进行更换。

5）操作中出现机具温度过高或产生异响时应切断电源停机检查。

6）按照使用说明对机具进行保养和维修，以延长其使用寿命。

任务 3.4 金属型材加工机具

3.4.1 常见机具及其主要应用

装饰装修施工中最常用的金属型材加工机具就是切割机具和磨光机具。

石材、面砖、木质和金属的装饰板等在进行墙面、吊顶装饰施工中都要进行切割。切割机具有通用机具也有专用机具。

磨光机具主要用于对各类装饰表面进行磨光、抛光作业。

3.4.2 使用方法及注意事项

1. 切割机具

（1）电剪刀　电剪刀是用来剪切镀锌钢板、薄钢板等板材的工具，也适用于剪切 1.5mm 以下的金属板、塑料板。电剪刀重量小，操作方便，可以剪切多种线形也可以修剪边角，如图 3-28、图 3-29 所示。

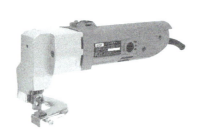

图 3-28　电剪刀

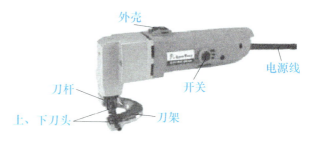

图 3-29　电剪刀结构图

使用注意事项：

1）使用前应检查线路是否完好，空运转正常后方可投入使用。

2）使用前要根据剪切板的厚度调整好上下机具刀刃的横向间隙。

3）使用过程中如有异响时，应立即停机检查。在使用中和平时保养中应经常在做往复运动的刀具处加注润滑油。

（2）电动曲线锯　电动曲线锯可按设计要求对金属、塑料、皮革等材料进行直线、曲线甚至更复杂形状的切割，如图 3-30 和图 3-31 所示。电动曲线锯配有不同的锯条用来切割不同的材料。一般粗锯条切割木材，中锯条切割有色金属板材、压层板，细锯条用于切割钢板。

使用注意事项：

1）操作前根据不同材料选取合适的锯条。

2）切割时不可推力过猛，转弯切割时半径不得小于 50mm，如果发生卡锯现象应切断电源退出锯条重新切割。

3）切割时不能将曲线锯任意提起，以免锯条受到撞击而折断或损坏。

4）使用过程中有发烫、异响、冒火花等非正常情况时应立即停机，在检查出原因解决好问题后才可重新使用。

（3）型材切割机　型材切割机又叫砂轮锯，可以锯切各种金属铝、铝合金、

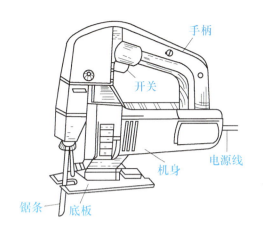

图 3-30　电动曲线锯　　　　　　图 3-31　电动曲线锯结构图

铜等材料，特别适用于铝门窗、塑钢材、电木板等的切割。它是根据砂轮磨损原理，利用高速旋转的薄片砂轮来进行锯切，锯切时材料不易变形，具有锯切角度精确、振动小、噪声低等特点，如图 3-32 和图 3-33 所示。

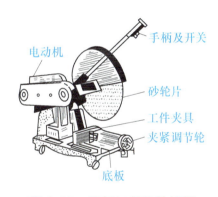

图 3-32　型材切割机　　　　　　图 3-33　型材切割机结构图

使用注意事项：

1）使用前应检查线路、电源和切割机各部位。

2）砂轮片的规格应和铭牌要求一致。

3）操作时，被切割件在夹具上安装牢固后方可开动电机。

4）机器开动后，要检查砂轮片旋转方向和防护罩上标出的方向是否一致，不一致应立即停机调整后再重新开动。

5）切割过程中，操作人员身体应靠向有保护罩的一侧，避免夹钳螺丝松动导致型材弯起或切割碎屑飞出伤到人。

6）使用中发现机器有异常杂音、型材或砂轮跳动过大等情况时应立即停机检查，维修合格后方可使用。

（4）石材切割机　石材切割机分手提式和台式两种，前者移动方便用于施工场地少量切割，如图 3-34 所示，后者操作时工人需将石材置于操作台上，机架笨重移动不便，如图 3-35 所示。

使用注意事项：

1）开机前仔细检查电源闸刀、锯片的松紧度、锯片护罩或安全挡板，操作台要稳固，夜间有足够的照明设施，检查无误空运转没问题后再正式使用。

2）不得试图切、锯未夹紧的小工件。

3）切割时不允许任何人站在锯后面，护罩未到位时不得操作，不得将手放在距锯片 15cm 以内。

4）维修或更换配件时一定要切断电源待锯片完全停止后才可进行。

5）切割结束后应及时清理、整理工作台和场地。

图 3-34　手提式石材切割机

图 3-35　台式石材切割机

（5）瓷砖切割机　瓷砖切割机是专门用于切割瓷砖的工具，从制动方式分为手动式和电动式两种。手动式又分为自测型和轻便型，如图 3-36 所示。手动瓷砖切割机操作简单，无须用电，无粉尘、无噪声、低损耗，更有利于环保。早

图 3-36　手动式瓷砖切割机

推刀的用法

期的电动切割机使用时会产生大量粉尘，不利用环保，现在用得较多的是电动台式瓷砖切割机，其工作时带水切割，避免了粉尘的危害。电动台式瓷砖切割机是对手动瓷砖切割机的一种补充，如图3-37所示。

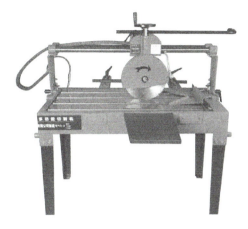

图 3-37 台式瓷砖切割机

使用注意事项：

1）作业前，必须先检查金刚石切断轮有无裂纹、缺口或折弯，并进行试运转确认是否正常。如果发现有上述缺陷或异常现象，应立即停止使用。作业时，绝不可触摸金刚石切断轮。

2）使用瓷砖切割机切割瓷砖时划线须从头到尾均匀、连续、清晰。

3）玻化砖和瓷片切割要使用不同的锯片。推动时用力一定要轻，瓷砖上面的切割痕线不能间断，不然瓷砖还会出现崩角现象。

4）锯切时，一定要带上安全眼镜，防止迸溅的瓷砖钻进眼睛。

2. 磨光机具

（1）电动角向磨光机 电动角向磨光机又称手提式电动砂轮机，它利用砂轮对金属构件进行磨削、除锈、磨光操作，如图3-38和图3-39所示。在装饰装修施工中可以给该机具配粗磨砂轮、细磨砂轮、抛光轮、切割轮等不同工作头对金属型材进行磨光、除锈、去毛刺等作业。

使用注意事项：

1）使用前应对电源、电线、机具进行全面检查，尤其是长期搁置重新使用时应测量绝缘电阻。

2）操作时双手平稳握住机身后才能按下启动开关。

3）操作时以砂轮片的侧面轻触工件，平稳推进，不可在工件上来回推磨以免损坏砂轮片。

图 3-38　电动角向磨光机

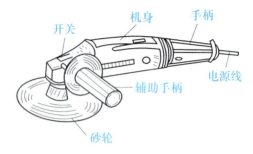

图 3-39　电动角向磨光机结构图

（标注：开关、机身、手柄、辅助手柄、电源线、砂轮）

4）操作过程中机具突然变速、产生异响、出现电火花时应立即切断电源，停机检查。

5）平时注意加强保养，不使用时置于干燥环境中。

（2）水磨石打磨机　水磨石打磨机主要用于对水磨石地面的打磨翻新，如图 3-40 所示。打磨翻新的原理就是先用水磨石打磨机将水磨石表面风化、磨蚀的老层刨去，露出新鲜层，然后采用水磨石晶面机配合使用结晶粉或翻新浆研磨，使其表面结晶硬化，以提高水磨石的耐磨度，再用结晶药剂进行表面水晶养护。

图 3-40　水磨石打磨机

使用注意事项：

1）机器在使用前检查机器的完好性，确保器部分无潮湿现象，操作控制开关旋钮完好。

2）了解施工情况，选择正确打磨方式，如干磨和水磨。

3）根据施工情况及施工工序选择相符的磨料进行安装。安装磨料时把机器的运转开关调节到关闭位置，把急停按钮按下并处于锁定状态。

4）不同的磨料应提前更换不同的连接方式，安装磁盘要清除强磁上的污垢，安装粘盘要确保粘盘的粘贴性。

5）采用水磨时应打开水开关确保水流入施工地面，选择工作频率弹开紧急停止按钮，选择运行方向进行作业。

6）完成工作把机器内的残留用水清理干净。

（3）磨石子机　磨石子机是对各种以花岗岩、大理石等材料进行磨光加工的一种工具，根据传动原理不同分为电动和气动两种。电动磨石子机在场地狭小、形状复杂的建筑表面进行操作时更能凸显出优势，规格以型号和砂轮直径表示，如图 3-41 所示。气动磨石子机的动力来自于压缩空气，它具有加工效率高、质量好、操作方便等优点，如图 3-42 所示。

图 3-41　电动磨石子机

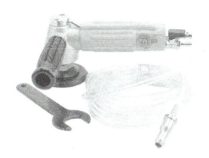

图 3-42　气动磨石子机

项目4　楼地面装饰施工

【导读】

本项目介绍各类型楼地面的施工工艺及施工要点。

【知识目标】

掌握本项目内容涉及的各类型楼地面的施工工艺流程。

【能力目标】

能够根据标准施工工艺流程及施工要点进行工程质量控制与检验。

任务 4.1　整体楼地面施工

建筑楼地面的形式是根据建筑功能、使用需求和设计选择的地面类别、材料及其施工要求确定的。一般包括地面面层和基层。

整体式楼地面面层类型可分为水泥类整体面层、树脂整体面层。

（1）水泥类整体面层　面层材料有水泥砂浆、水泥钢屑（纤维）、现制水磨石、混凝土、细石混凝土、耐磨混凝土和混凝土密封固化剂等。

（2）树脂整体面层　面层材料有丙烯酸涂料、聚氨酯涂料、聚氨酯自流平涂料、聚酯砂浆、环氧树脂自流平涂料或干式环氧树脂砂浆、塑胶、不发火（防爆）材料等。

整体式楼地面基层形式可分为地基土、垫层（包括灰土垫层、砂垫层、砂石垫层、碎石垫层、碎砖垫层、三合土垫层、水泥混凝土垫层、陶粒混凝土垫层）、结构（楼板）层、找平层、隔离层、填充层、绝热层等。

4.1.1　工艺流程及施工要点

1. 基土工程施工

（1）工艺流程　检查土质→实验确定施工参数→技术交底→准备机具设备→基底清理→分层铺土、耙平→分层夯实→检验密实度→修整找平验收。

（2）施工要点

1）填土前应将基底地坪上的杂物、浮土清理干净。

2）检验土的质量，有无杂质，粒径是否符合要求。土的含水量是否在控制的范围内，如过高，可采用翻松、晾晒或均匀掺入干土等措施；如过低，可采用预先洒水湿润等措施。

3）回填土应分层摊铺。每层铺土厚度应根据土质、密实度要求和机具性能通过压实试验确定。作业时，应严格按照试验所确定的参数进行。每层摊铺后，随即耙平。压实系数应符合设计要求，设计无要求，应符合规范要求。

4）回填土每层的夯压遍数，根据压实试验确定（图4-1）。作业时，应严格按照试验所确定的参数进行。打夯应一夯压半夯，夯夯相接，行行相连，纵横交叉，并且严禁采用水浇使土下沉的所谓"水夯"法。每层夯实土验收之后回填上层土。

图4-1　回填土压实试验取样

5）深浅两基坑相连时，应先填夯深基土，填至浅基坑相同标高时，再与浅基土一起填夯。如必须分段填夯，交接处应填成阶梯形，梯形高宽比一般为1∶2。

上下层错缝距离不应小于1.0m。

6）基坑回填应在相对两侧或四周同时进行，基础墙两侧标高不可相差太多，以免把墙挤歪；较长的管沟墙，应采用内部加支撑的措施，然后再在外侧回填土方。

7）回填房心及管沟时，为防止管道中心线位移或损坏管道，应用人工先在管子两侧填土夯实，并应由管道两侧同时进行回填，直至管顶0.5m以上；然后在不损坏管道的情况下，可采用蛙式打夯机夯实。在抹带接口处，防腐绝缘层或电缆周围，应回填细粒料。

8）回填土每层填土夯实后应按规范进行环刀取样，测出干土的质量密度；达到要求后，再进行上一层的铺土。

9）填土全部完成后，应进行表面拉线找平。凡超过标准高程的地方，及时依线铲平；凡低于标准高程的地方，应补土夯实。

施工技术人员在作业时应恪守职业道德规范，刻苦钻研技术，熟练掌握本工种的基本技能，努力学习和运用先进的施工方法，优先采用环保技术手段。热爱本职工作，不怕苦、不怕累，精心操作。

2. 灰土垫层工程施工

（1）工艺流程　检验土料和石灰质量→试验确定施工参数→技术交底→准备机具设备→基底清理→过筛→灰土拌和→分层铺灰土、耙平→分层夯实→检验密实度→修整找平验收。

（2）施工要点

1）铺垫层前应将基底地坪上的杂物、浮土清理干净。

2）检验土的质量，有无杂质，粒径是否符合要求，土的含水量是否在控制的范围内；检验石灰的质量，确保粒径和熟化程度符合要求。

3）灰土拌和。灰土的配合比应用体积比，应按照实验确定的参数或设计要求控制配合比，设计无要求时，一般为2∶8或3∶7。拌和时必须均匀一致，至少翻拌两次，拌和好的灰土颜色应一致。

4）灰土施工时应适当控制含水量，应依据实验结果严格控制。如土料水分过大或过干，应提前采取晾晒或洒水等措施。

5）灰土应分层摊铺。每层铺土厚度应根据土质、密实度要求和机具性能通过压实试验确定。作业时，应严格按照试验所确定的参数进行。每层摊铺后，随之耙平。

6）灰土每层的夯压遍数，根据压实试验确定。作业时，应严格按照试验所确定的参数进行。打夯应一夯压半夯，夯夯相接，行行相连，纵横交叉。

7）灰土分段施工时，不得在墙角、窗间墙等下接槎，上下两层接槎的距离不得小于500mm。

8）每层灰土夯实后应按规范进行环刀取样，测出干土的质量密度；达到要求后，再进行上一层的铺土。

9）灰土垫层全部完成后，应进行表面拉线找平。凡超过标准高程的地方，及时依线铲平；凡低于标准高程的地方，应补灰土夯实。

地面装修灰土垫层如图4-2所示。

图4-2　地面装修灰土垫层

3. 砂垫层和砂石垫层施工

（1）工艺流程　检验砂石料→实验确定施工参数→技术交底→准备机具设备→基底清理→分层铺砂石→洒水→分层夯实→检验密实度→修整找平验收。

（2）施工要点

1）铺垫层前应将基底地坪上的杂物、浮土清理干净。

2）检验砂石料的质量，有无杂质，粒径是否符合要求，含水量是否在控制的范围内，级配是否符合要求，如图4-3所示。

3）铺筑砂石应分层摊铺，每层铺土厚度应通过压实试验确定，一般为150~200mm，不宜超过300mm。每层摊铺后，随之耙平。

4）砂石施工时应适当控制含水量，应在夯实碾压前根据其干湿程度和气候条件，适当洒水以保持砂石的最佳含水量，一般为8%~12%。

5）每层的夯压遍数，根据压实试验确定。作业时，应严格按照试验所确定的参数进行。打夯应不少于3遍，应一夯压半夯，夯夯相接，行行相连，纵横交

图 4-3　砂石料

叉。当室外装修面积过大时，可采用压路机往复碾压应不少于 4 遍，轮距搭接不小于 50cm，边缘和转角应用人工或蛙式打夯机补夯密实。

6）砂石垫层分段施工时接槎处应做成斜坡，每层接槎处的水平距离应错开0.5~1.0m，并应充分压实。

7）施工时应分层找平，夯压密实，并应设置纯砂检查点，用 $200cm^3$ 的环刀取样，测定干砂的质量密度。下层合格后，方可进行上层施工。用贯入法测定质量时，用贯入仪、钢筋或钢叉等进行试验，贯入值小于规定值为合格。砂垫层和砂石垫层的干密度（或贯入度）应符合设计要求。

8）垫层全部完成后，应进行表面拉线找平。凡超过标准高程的地方，及时依线铲平；凡低于标准高程的地方，应补砂石夯实，如图4-4所示。

图 4-4　砂石垫层施工

垫层施工多用于室外地面装饰装修，室外地面装饰施工相对于室内地面装饰，更受外界气象条件影响，同时对市容、环境的影响也更加直观，因此需要相关人员做到依法监督、坚持原则，认真学习专业技术知识，努力钻研业务，不断积累和丰富工作经验，努力提高业务素质和工作水平。

4. 碎石垫层和碎砖垫层施工

（1）工艺流程 检验砖石料→实验确定施工参数→技术交底→准备机具设备→基底清理→分层铺碎砖或碎石→洒水→分层夯实→检验密实度→修整找平验收。

（2）施工要点

1）铺垫层前应将基底地坪上的杂物、浮土清理干净。

2）检验砖、石料的质量，有无杂质，粒径是否符合要求。

3）铺筑砖、石应分层摊铺，每层铺土厚度应通过压实试验确定，一般为150~200mm，不宜超过300mm。每层摊铺后，随之耙平。

4）每层的夯压遍数，根据压实试验确定。作业时，应严格按照试验所确定的参数进行。打夯应不少于3遍，应一夯压半夯，夯夯相接，行行相连，纵横交叉。当室外装修面积过大时，可采用压路机往复碾压应不少于4遍，轮距搭接不小于50cm，边缘和转角应用人工或蛙式打夯机补夯密实。

5）砖、石垫层分段施工时接槎处应做成斜坡，每层接槎处的水平距离应错开0.5~1.0m，并应充分压实。

6）施工时应分层找平，夯压密实，并应设置纯砂检查点，用200cm³的环刀取样，测定干砂的质量密度，下层合格后，方可进行上层施工。用贯入法测定质量时，用贯入仪、钢筋或钢叉等进行试验，贯入值小于规定值为合格。

7）垫层全部完成后，应进行表面拉线找平。凡超过标准高程的地方，及时依线铲平；凡低于标准高程的地方，应补砖、石夯实。

碎石垫层施工完成的效果如图4-5所示。

图4-5 碎石垫层

5. 三合土垫层施工

（1）工艺流程　检验石灰、砂、砖质量→实验确定施工参数→技术交底→准备机具设备→基底清理→过筛→三合土拌和→分层铺筑、耙平→分层夯实→检验密实度→修整找平验收。

（2）施工要点

1）铺垫层前应将基底地坪上的杂物、浮土清理干净。

2）检验石灰的质量，确保粒径和熟化程度符合要求；检验碎砖的质量，其粒径不得大于60mm。

3）拌和。灰、砂、砖的配合比应用体积比，应按照试验确定的参数或设计要求控制配合比。拌和时必须均匀一致，至少翻拌两次，拌和好的土料颜色应一致。

4）三合土施工时应适当控制含水量。如砂水分过大或过干，应提前采取晾晒或洒水等措施。

5）三合灰土应分层摊铺。每层铺土厚度应根据土质、密实度要求和机具性能通过压实试验确定。作业时，应严格按照试验所确定的参数进行。每层摊铺后，随之耙平。

6）三合灰土每层的夯压遍数，根据压实试验确定。作业时，应严格按照试验所确定的参数进行。打夯应一夯压半夯，夯夯相接，行行相连，纵横交叉。

7）三合土分段施工时，应留成斜坡接槎，并夯压密实；上下两层接槎的水平距离不得小于500mm。

8）三合土每层夯实后应按规范进行试验，测出压实度（密实度）；达到要求后，再进行上一层的铺土。

9）垫层全部完成后，应进行表面拉线找平。凡超过标准高程的地方，及时依线铲平；凡低于标准高程的地方，应补三合土夯实。

三合土垫层施工完成效果如图4-6所示。

6. 炉渣垫层施工

（1）工艺流程　检验炉渣、水泥、石灰质量→技术交底→炉渣过筛水闷→准备机具设备→基底清理→找标高→弹水平线→做灰饼→洒水湿润→搅拌→分层铺炉渣垫层→刮平、滚压→养护→检查验收。

（2）施工要点

1）炉渣的过筛与水闷。

图4-6 三合土垫层

① 铺设垫层前应将基底上的杂物、浮土、落地灰等清理干净，洒水湿润。

② 炉渣在使用前必须过两遍筛，第一遍过40mm大孔径筛，第二遍过5mm小孔径筛，主要筛去细粉末，使粒径在5mm以下的体积不得超过总体积的40%，这样使炉渣具有粗细粒径搭配的合理配比，对促进垫层的成型和早期强度很有利。

③ 炉渣或水泥炉渣垫层采用的炉渣，不得用新渣，必须使用陈渣，即在使用前已经浇水闷透的炉渣，浇水闷透的时间不少于5d，如图4-7所示。

图4-7 炉渣

④ 水泥石灰炉渣垫层采用的炉渣，应先用石灰浆或用熟化石灰浇水拌和闷透，闷透时间不少于5d。

2）找标高、贴饼。根据水平标准线和设计厚度，在四周墙、柱上弹出垫层的上平标高控制线。按线拉水平线抹找平墩（用水泥砂浆或豆石混凝土，尺寸60mm×60mm见方，与垫层完成面同高），间距双向不大于2m。有坡度要求的房间应按设计坡度要求拉线，抹出坡度墩。

3）炉渣拌和。水泥炉渣或水泥石灰炉渣的配合比应通过试验或根据设计要求确定。先将闷透的炉渣按体积比（应事先准备好合适的量具）与水泥（和石灰）干拌均匀后，再加水拌和。要严格控制加水量，以试验所给定的加水量为准，铺设时表面不应出现泌水现象。

4）铺设。铺炉渣前应在基底上刷一道素水泥浆或界面结合剂，随刷随铺，将拌均匀的拌合料，从房间内往外铺设，虚铺系数宜控制在 1.3。当垫层厚度大于 120mm 时，应分层铺设。

5）刮平、滚压。

① 以找平墩为标志，控制好虚铺厚度，用铁锹粗略找平，然后用木刮杠刮平，再用压辊往返滚压（厚度超过 120mm 时应用平板振捣器），并随时用 2m 靠尺检查平整度，高处部分铲掉，凹处填平，直到滚压平整出浆为止。对于墙根、边角、管根等不易滚压处，应用木拍板拍打密实。

② 水泥炉渣垫层应随拌随铺随压实，全部操作过程应控制在 2h 以内完成。施工过程中一般不留施工缝，如房间大必须留施工缝时，应用木方或木板挡好留槎处，保证直槎密实，接槎时应刷水泥浆或界面结合剂后，再继续铺炉渣拌和料。

6）养护。施工完成后应洒水养护，严禁上人，待凝固后方可进行面层施工和其他作业。

7. 水泥混凝土垫层施工

（1）工艺流程　检验水泥、砂子、石子质量→配合比试验→技术交底→准备机具设备→基底清理→找标高→搅拌→铺设混凝土垫层→振捣→养护→检查验收。

（2）施工要点

1）基层处理。把沾在基层上的浮浆、落地灰等用錾子或钢丝刷清理掉，再用扫帚将浮土清扫干净。

2）找标高。根据水平标准线和设计厚度，在四周墙、柱上弹出垫层的上平标高控制线。按线拉水平线抹找平墩（用豆石混凝土，平面尺寸 60mm×60mm 见方，与垫层完成面同高），间距双向不大于 2m。有坡度要求的房间应按设计坡度要求拉线，抹出坡度墩。

3）搅拌。

① 混凝土的配合比应根据设计要求通过试验确定。

② 投料必须严格过磅，精确控制配合比。每盘投料顺序为石子→水泥→砂→水。应严格制用水量，搅拌要均匀，搅拌时间不少于90s。

③ 按照国家标准有关规定留制试块。

4）铺设。铺设前应将基底湿润，并在基底上刷一道素水泥浆或界面结合剂，随涂刷随铺混凝土，将搅拌均匀的混凝土，从房间内退着往外铺设。

5）振捣。用铁锹铺混凝土，厚度略高于找平墩，随即用平板振捣器振捣。厚度超过200mm时，应采用插入式振捣器，其移动距离不大于作用半径的1.5倍，做到不漏振，确保混凝土密实。

6）找平。混凝土振捣密实后，以墙柱上的水平控制线和找平墩为标志，检查平整度，高的铲掉，凹处补平。用水平刮杠刮平，然后表面用木抹子搓平。有坡度要求的，应按设计要求的坡度做。

7）养护。应在施工完成后12h左右覆盖和洒水养护，严禁上人，一般养护期不得少于7d。

8）冬季施工时，环境温度不得低于5℃。如果在负温下施工，所掺抗冻剂必须经过实验室试验合格后方可使用。不宜采用氯盐、氨等作为抗冻剂，必须使用时必须严格按照规范规定的控制量和配合比通知单的要求加入。

垫层的施工质量直接影响后续功能层及面层的施工质量，因此，管理及施工人员应在施工中严格执行建筑技术规范，认真编制施工组织设计，做到技术上精益求精，工程质量上一丝不苟，为用户提供合格建筑产品。积极推广和应用新技术、新工艺、新材料、新设备、大力发展建筑高科技，注重环境保护，提高建筑科学技术水平。

8. 找平层施工

（1）工艺流程　检验水泥、砂子、石子质量→配合比试验→技术交底→准备机具设备→基底清理→找标高→搅拌→铺设混凝土垫层→振捣→养护→检查验收。

（2）施工要点

1）基层处理。把沾在基层上的浮浆、落地灰等用錾子或钢丝刷清理掉，再用扫帚将浮土清扫干净。

2）找标高贴饼。根据水平标准线和设计厚度，在四周墙、柱上弹出垫层的上平标高控制线。按线拉水平线抹找平墩（用同种豆石混凝土或同种砂浆平面尺寸60mm×60mm，与找平层完成面同高），间距双向不大于2m。有坡度要求的房间应按设计坡度要求拉线，抹出坡度墩。用砂浆做找平层时，还应冲筋。

3）搅拌。

① 混凝土的搅拌参照国家标准中的要求进行。

② 砂浆的搅拌参照国家标准中的要求进行。

4）铺设。铺设前应将基底湿润，并在基底上刷一道素水泥浆或界面结合剂，随涂刷随铺砂浆，将搅拌均匀的混凝土，从房间内退着往外铺设。

5）混凝土振捣。用铁锹铺混凝土，厚度略高于找平墩，随即用平板振捣器振捣。厚度超过 200mm 时，应采用插入式振捣器，其移动距离不大于作用半径的 1.5 倍，做到不漏振，确保混凝土密实。

6）找平。以墙柱上的水平控制线和找平墩为标志，检查平整度，高的铲掉，凹处补平。用水平刮杠刮平，然后表面用木抹子搓平，如图 4-8 所示。有坡度要求的，应按设计要求的坡度做。

7）养护。应在施工完成后 12h 左右覆盖和洒水养护，严禁上人，一般养护期不得少于 7d。

8）冬季施工时，环境温度不得低于 5℃。如果在负温下施工时，所掺抗冻剂必须经过试验室试验合格后方可使用。不宜采用氯盐、氨等作为抗冻剂，必须使用时必须严格按照规范规定的控制量和配合比通知单的要求加入。

图 4-8　找平层施工

9. 隔离层施工

（1）工艺流程　进场复试→技术交底→准备机具设备→基底清理→涂刷底胶→细部附加层→第一层涂膜→第二层涂膜→第三层涂膜和撒粗砂→闭水实验。

（2）施工要点

1）基底清理。把沾在基层上的浮浆、落地灰等用錾子或钢丝刷清理掉，再用扫帚将浮土清扫干净。

2）涂刷底胶。将聚氨酯甲、乙两组分和二甲苯按 1：1.5：2 的比例（质量比）配合搅拌均匀。用滚动刷或油漆刷蘸底胶均匀地涂刷在基层表面，不得过薄也不得过厚，涂刷量以 0.2kg/m² 左右为宜。涂刷后应干燥 4h 以上，才能进行下一工序得的操作。

3）细部附加层。将聚氨酯甲、乙两组分按 1：1.5 的比例（质量比）配合搅拌均匀，在管根、阴阳角部位做一布二涂的加强层。加强层的宽度宜大于200mm，干透后，方可进行大面积施工。

4）涂膜。将聚氨酯甲、乙两组分按 1：1.5 的比例（质量比）配合搅拌均匀，用橡胶刮板均匀涂刷好底胶的基层表面上，第一道涂膜实干后涂刷第二道涂膜，涂刷方向与第一道涂膜垂直，第三道涂膜在第二道涂膜实干后涂刷，方向与第二道垂直，随涂随撒粗砂。每两道涂膜间隔时间不宜超过 72h。三层涂膜的总厚度以 1.5~2.0mm 为宜，总用量为 2.5kg/m²，分配比例约 1：1.5：1 为宜。

5）闭水试验。第三道涂膜实干后进行闭水试验，蓄水高度应超过房间地面找平层最高点 20~30mm，蓄水时间不少于 24h，无渗漏为合格。

6）保护。应在施工完成后进行拦挡，严禁上人。

7）冬季施工时，环境温度不得低于 5℃。

防水隔离层施工效果如图 4-9 所示。

图 4-9 防水隔离层施工

10. 填充层施工

（1）工艺流程　进场检验→技术交底→基底清理→弹线找坡→保温层铺设→抹找平层→检查验收。

（2）施工要点

1）基底清理。把沾在基层上的浮浆、落地灰等用錾子或钢丝刷清理掉，再用扫帚将浮土清扫干净并经验收合格。

2）弹线找坡。按设计坡度及流水方向，找出屋面坡度走向，确定保温层的厚度范围。

3）铺设。

① 松散保温层。应分层摊铺，适当压实，压实程度根据设计要求的密度，经试验确定。每层的虚铺厚度不宜大于150mm，压实后的保温层不得直接行走或过车。

② 板块保温层。干铺法直接铺在基层上，分层铺设时应错开上下两层的板缝，表面两块相邻的板边厚度应一致。一般在块状保温层上用松散料湿作找坡。粘贴法用黏结料将保温板块固定在基层上，一般为水泥砂浆黏结料，聚苯板用沥青胶黏结料。

③ 整体保温层。按照配合比要求，将水泥、骨料（炉渣或蛭石）加水均匀搅拌，摊铺在基层上。配合比应按设计要求或通过试验确定。应分层摊铺，适当压实，压实程度根据设计要求的密度，经试验确定。

4）找平层。根据设计要求，按照标准施工。

5）保护。应在施工完成后进行拦挡，严禁上人。

6）冬季施工时，湿作业时的环境温度不得低于5℃。

保温填充层施工如图4-10、图4-11所示。

图4-10　保温填充层施工（一）　　　　图4-11　保温填充层施工（二）

施工单位需对保温填充层采取节能环保措施，减少后期能源散失。施工前确保填充层干燥度满足设计要求，铺设保温层时，保证地面平整无杂物，且层间贴合紧密无空隙，施工人员需要穿软鞋施工，施工完成后做好记录和验收，严守每一道质量关。

11．水泥混凝土面层施工

（1）工艺流程

检验水泥、砂子、石子质量→配合比试验→技术交底→准备机具设备→基底清理→找标高→贴饼冲筋→搅拌→铺设水泥混凝土面层→振捣→撒面找平→压光→养护→检查验收。

（2）施工要点

1）基层处理：把沾在基层上的浮浆、落地灰等用錾子或钢丝刷清理掉，再用扫帚将浮土清扫干净；如有油污，应用5%～10%浓度火碱水溶液清洗。湿润后，刷素水泥浆或界面处理剂，随刷随铺设混凝土，避免间隔时间过长风干形成空鼓。

2）找标高。根据水平标准线和设计厚度，在四周墙、柱上弹出面层的上平标高控制线。

3）贴饼。按线拉水平线抹找平墩（用同种混凝土，平面尺寸60mm×60mm，与面层完成面同高），间距双向不大于2m。有坡度要求的房间应按设计坡度要求拉线，抹出坡度墩。

4）面积较大的房间为保证房间地面平整度，还要做冲筋。以做好的灰饼为标准抹条形冲筋，高度与灰饼同高，形成控制标高的"田"字格，用刮尺刮平，作为混凝土面层厚度控制的标准。当天抹灰墩，冲筋，应当天抹完灰，不应隔夜。

5）搅拌。

① 混凝土的配合比应根据设计要求通过试验确定。

② 投料必须严格过磅，精确控制配合比。每盘投料顺序为石子→水泥→砂→水。应严格控制用水量，搅拌要均匀，搅拌时间不少于90s，坍落度一般不应大于30mm。

③ 按照国家标准相关规定留制试块。

6）铺设。铺设前应将基底湿润，并在基底上刷一道素水泥浆或界面结合剂，将搅拌均匀的混凝土，从房间内退着往外铺设。在振捣或滚压时低洼处应用混凝土补平。

7）振捣。用铁锹铺混凝土，厚度略高于找平墩，随即用平板振捣器振捣。厚度超过200mm时，应采用插入式振捣器，其移动距离不大于作用半径的1.5

倍，做到不漏振，确保混凝土密实。振捣以混凝土表面出现泌水现象为宜。或者用 30kg 重辊纵横滚压密实，表面出浆即可。

8）撒面找平。混凝土振捣密实后，以墙柱上的水平控制线和找平墩为标志，检查平整度，高的铲掉，凹处补平。撒一层干拌水泥砂（水泥：砂 = 1：1），用水平刮杠刮平。有坡度要求的，应按设计要求的坡度施工。

9）压光。

① 当面层灰面吸水后，用木抹子用力搓打、抹平，将干拌水泥砂拌合料与混凝土的浆液混合，使面层达到紧密接合。

② 第一遍抹压。用铁抹子轻轻抹压一遍直到出浆为止。

③ 第二遍抹压。在面层砂浆初凝后（上人有脚印但不下陷），用铁抹子把凹坑、砂眼填实抹平，注意不得漏压。

④ 第三遍抹压。在面层砂浆终凝前（上人有轻微脚印），用铁抹子用力抹压，把所有抹纹压平压光，达到面层表面密实、光洁。

10）养护。应在施工完成后 24h 左右覆盖和洒水养护，每天不少于 2 次，严禁上人，养护期不得少于 7d。

11）冬季施工时，环境温度不应低于 5℃。如果在负温下施工时，所掺抗冻剂必须经过实验室试验合格后方可使用。不宜采用氯盐、氨等作为抗冻剂，不得不使用时必须严格按照规范规定的控制量和配合比通知单的要求加入。

室内及室外水泥混凝土施工完成效果如图 4-12～图 4-15 所示。

图 4-12　室内水泥混凝土面层施工

图 4-13　室内水泥混凝土面层抛光效果

12. 水泥砂浆面层施工

（1）工艺流程　检验水泥、砂子质量→配合比试验→技术交底→准备机具设备→基底清理→找标高→贴饼冲筋→搅拌→铺设砂浆面层→搓平→压光→养

图 4-14 室外水泥混凝土面层施工

图 4-15 室外彩色水泥混凝土面层

护→检查验收。

（2）施工要点

1）基层处理。把沾在基层上的浮浆、落地灰等用錾子或钢丝刷清理掉，再用扫帚将浮土清扫干净，应在抹灰的前一天洒水湿润后，刷素水泥浆或界面处理剂，随刷随铺设砂浆，避免间隔时间过长风干形成空鼓。

2）找标高。根据水平标准线和设计厚度，在四周墙、柱上弹出面层的上平标高控制线。

3）贴饼。按线拉水平线抹找平墩（用同种砂浆，平面尺寸 60mm×60mm，与面层完成面同高），间距双向不大于 2m。有坡度要求的房间应按设计坡度要求拉线，抹出坡度墩。

4）面积较大的房间为保证房间地面平整度，还要做冲筋。以做好的灰饼为标准抹条形冲筋，高度与灰饼同高，形成控制标高的"田"字格，用刮尺刮平，作为砂浆面层厚度控制的标准。

5）搅拌。

① 砂浆的配合比应根据设计要求通过试验确定。

② 投料必须严格过磅，精确控制配合比或体积比。应严格控制用水量，搅拌要均匀。砂浆的稠度不应大于 35mm，水泥石屑砂浆的水灰比宜控制为 0.4。

6）铺设。铺设前应将基底湿润，并在基底上刷一道素水泥浆或界面结合剂，将搅拌均匀的砂浆，从房间内退着往外铺设。

7）搓平。用大杠依冲筋将砂浆刮平，立即用木抹子搓平，并随时用 2m 靠尺检查平整度。

8）压光。

① 第一遍抹压。在搓平后立即用铁抹子轻轻抹压一遍，直到出浆为止，面层均匀，与基层结合紧密牢固。

② 第二遍抹压。在面层砂浆初凝后（上人有脚印但不下陷），用铁抹子把凹坑、砂眼填实抹平，注意不得漏压，以消除表面气泡、孔隙等缺陷。

③ 第三遍抹压。在面层砂浆终凝前（上人有轻微脚印），用铁抹子用力抹压，把所有抹纹压平压光，达到面层表面密实光洁。

9）养护。应在施工完成后 24h 左右覆盖和洒水养护，每天不少于 2 次，严禁上人，养护期不得少于 7d。

10）冬季施工时，环境温度不应低于 5℃。如果在负温下施工时，所掺抗冻剂必须经过实验室试验合格后方可使用。不宜采用氯盐、氨等作为抗冻剂，不得不使用时必须严格按照规范规定的控制量和配合比通知单的要求加入。

水泥砂浆面层施工如图 4-16 所示，水泥砂浆施工完成效果如图 4-17 所示。

图 4-16　水泥砂浆面层施工

图 4-17　水泥砂浆面层

13. 水磨石面层施工

（1）工艺流程　检验水泥、石粒质量→配合比试验→技术交底→准备机具设备→基底清理→找标高→铺抹找平层砂浆→养护→弹分格线→镶分格条→搅拌→铺设水磨石拌合料滚压抹平→养护→试磨→粗磨→细磨→磨光→清洗→打蜡上光→检查验收。

（2）施工要点

1）基层处理。把沾在基层上的浮浆、落地灰等用錾子或钢丝刷清理掉，再用扫帚将浮土清扫干净。

2）找标高。根据水平标准线和设计厚度，在四周墙、柱上弹出面层的上平标高控制线。

3）贴饼。按线拉水平线抹找平墩（用同种砂浆，平面尺寸 60mm×60mm，与找平层完成面同高），间距双向不大于 2m。有坡度要求的房间应按设计坡度要求拉线，抹出坡度墩。

4）冲筋。面积较大的房间为保证房间地面平整度，还要做冲筋，以做好的灰饼为标准抹条形冲筋，高度与灰饼同高，形成控制标高的"田"字格，用刮尺刮平，作为砂浆找平层厚度控制的标准。

5）铺设找平层砂浆。铺设前应将基底湿润，并在基底上刷一道素水泥浆或界面结合剂，随刷随铺设砂浆。将搅拌均匀的砂浆，从房间内退着往外铺设。用大杠依冲筋将砂浆刮平，立即用木抹子搓平，并随时用 2m 靠尺检查平整度。

6）将找平层砂浆养护 24h 后，强度达到 1.2MPa 时，方可进行下道工序。

7）弹分格线。根据设计要求的分格尺寸，一般采用 1m×1m 或依照房屋模数分格。在房间中部弹十字线，计算好周围的镶边尺寸后，以十字线为准弹分格线。如设计有图案要求，应按照设计图案弹出准确分格线，并做好标记，防止差错。

8）镶分格条。将分格条用稠水泥膏两边抹八字的方式固定在分格线上，水泥膏八字呈 30°角，比分格条低 4~6mm。分格条应平直通顺，上平与标高控制线必须一致，牢固、接头严密，不得有缝隙。在分格条十字交接处，距交点 40~50mm 内不做水泥膏八字。铜条还应穿 22 号镀锌钢丝锚固于水泥膏八字内。镶分格条 12h 后开始浇水养护，最少 2d。

9）搅拌。

① 水磨石面层拌合料的体积比应根据设计要求通过试验确定，且为 1∶1.5~2.5（水泥∶石粒）。

② 投料必须严格过磅或过体积比的斗，精确控制配合比。应严格控制用水量，搅拌要均匀。

③ 彩色水磨石拌合料，除彩色石粒外，还加入耐光、耐碱的矿物颜料。各种原料的掺入量均要以试验确定。同颜色的面层应使用同一批水泥，同一彩色面层应使用同厂、同批的颜料。

10）铺设。

① 将找平层洒水湿润，涂刷界面结合剂，将拌和均匀的拌合料先铺抹分格条边，后铺抹分格条方框中间，用铁抹子由中间向边角推进，在分格条两边及交角处特别注意压实抹平，随抹随检查平整度，不得用大杠刮平。

② 多种颜色的水磨石拌合料不可同时铺抹，要先铺深色的，后铺浅色的，待前一种凝固后，再铺下一种。

11）滚压抹平。滚压前应先将分格条两侧10cm内用铁抹子轻轻拍实。滚压时用力均匀，应从横竖两个方向轮换进行，达到表面平整密实、出浆石粒均匀为止。待石粒浆稍收水后，再用铁抹子将浆抹平压实。24h后，浇水养护。

12）试磨。当气温在20~30℃时，养护3~4d即可开始机磨。过早石粒容易松动，过晚会磨光困难。

13）粗磨。用60~90号金刚石磨，使磨石机在地上走"8"字形，边磨边加水，随时清扫水泥浆，并用靠尺检查平整度，直至表面磨平、磨匀，分格条和石粒全部露出（边角用手工磨至同样效果）。用水清洗晾干，然后用较浓的水泥浆（掺有颜色的应用同样配合比的彩色水泥浆）擦一遍，特别是面层的洞眼小孔隙要填实抹平。浇水养护2~3d。

14）细磨。用90~120号金刚石磨，磨至表面光滑（边角用手工磨至同样效果）。用水清洗，满擦第二遍水泥浆（掺有颜色的应用同样配合比的彩色水泥浆），特别是面层的洞眼小孔隙要填实抹平。浇水养护2~3d。

15）磨光。用200号细金刚石磨，磨至表面石子显露均匀，无缺石粒现象，平整、光滑、无空隙。

16）草酸擦洗。用10%的草酸溶液，用扫帚蘸后洒在地面上，再用油石轻轻磨一遍，磨出水泥及石粒本色。然后用水清洗，软布擦干，再细磨出光。

17）打蜡上光。采用机械打蜡的操作工艺，用打蜡机将蜡均匀渗透到水磨石的晶体缝隙中。打蜡机的转速和温度应满足要求。

18）冬季施工时，环境温度不应低于5℃。

水磨石地面施工如图4-18所示。

图4-18　水磨石地面施工

水磨石的打磨

14. 水泥钢（铁）屑面层

（1）工艺流程　检验水泥、钢（铁）屑质量→配合比试验→技术交底→准备机具设备→找标高→贴饼冲筋→基底处理→铺设结合层→搅拌→铺设钢（铁）屑面层→搓平→压光→养护→检查验收。

（2）施工要点

1）找标高。根据水平标准线和设计厚度，在四周墙、柱上弹出面层的上平标高控制线。

2）贴饼。按线拉水平线抹找平墩（用同种砂浆，平面尺寸 60m×60mm，与面层完成面同高），间距双向不大于 2m。有坡度要求的房间应按设计坡度要求拉线，抹出坡度墩。

3）冲筋。面积较大的房间为保证房间地面平整度，还要做冲筋。以做好的灰饼为标准抹条形冲筋，高度与灰饼同高，形成控制标高的"田"字格，用刮尺刮平，作为钢（铁）屑面层厚度控制的标准。

4）基层处理。把沾在基层上的浮浆、落地灰等用錾子或钢丝刷清理掉，再用扫帚将浮土清扫干净。湿润后，刷素水泥浆或界面处理剂，随刷随铺设水泥砂浆结合层，避免间隔时间过长风干形成空鼓。

5）铺设水泥砂浆结合层。按照本工艺标准的要求进行，做至搓平即可，不压光。

6）搅拌。

① 钢（铁）屑的配合比应根据设计要求通过试验确定。

② 投料必须严格过磅，精确控制配合比。应严格控制用水量，搅拌要均匀，坍落度不应大于 10mm。

7）铺设。在结合层水泥初凝前，将搅拌均匀的水泥钢（铁）屑拌合料，从房间内退着往外铺设。

8）搓平。用大杠依冲筋将水泥钢（铁）屑拌合料刮平，立即用木抹子搓平，并随时用 2m 靠尺检查平整度。

9）压光。

① 第一遍抹压。在搓平后立即用铁抹子轻轻抹压一遍直到出浆为止。

② 第二遍抹压。在面层钢（铁）屑初凝后（上人有脚印但不下陷），用铁抹子把凹坑、砂眼填实抹平，注意不得漏压。

③ 第三遍抹压。在面层钢（铁）屑终凝前（上人有轻微脚印），用铁抹子

用力抹压，把所有抹纹压平压光，达到面层表面密实、光洁、平整。

10）养护。应在施工完成后 24h 左右覆盖和洒水养护，每天不少于 2 次，严禁上人，养护期不得少于 7d。

11）冬季施工时，环境温度不应低于 5℃。如果在负温下施工时，所掺抗冻剂必须经过试验室试验合格后方可使用。不宜采用氯盐、氨等作为抗冻剂，不得不使用时必须严格按照规范规定的控制量和配合比通知单的要求加入。

15. 防油渗面层施工

（1）工艺流程　检验水泥、砂子、石子质量→配合比试验→技术交底→准备机具设备→找标高→基底处理→满涂防油渗水泥砂浆结合层→搅拌→铺设混凝土面层→振捣→撒面找平→压光→养护→检查验收。

（2）施工要点

1）找标高。根据水平标准线和设计厚度，在四周墙、柱上弹出面层的上平标高控制线。

2）贴饼。按线拉水平线抹找平墩（用同种混凝土，平面尺寸 60mm×60mm，与面层完成面同高），间距双向不大于 2m。有坡度要求的房间应按设计坡度要求拉线，抹出坡度墩。

3）冲筋。面积较大的房间为保证房间地面平整度，还要做冲筋。以做好的灰饼为标准抹条形冲筋，高度与灰饼同高，形成控制标高的"田"字格，用刮尺刮平，作为混凝土面层厚度控制的标准。

4）基层处理。把沾在基层上的浮浆、落地灰等用錾子或钢丝刷清理掉，再用扫帚将浮土清扫干净。湿润后，刷素水泥浆或界面处理剂，随刷随铺设混凝土，避免间隔时间过长风干形成空鼓。

5）搅拌。

① 混凝土的配合比应根据设计要求通过试验确定。

② 投料必须严格过磅，精确控制配合比。每盘投料顺序为石子→水泥→砂→水。应严格控制用水量，搅拌要均匀，搅拌时间不少于 90s。

③ 按照国家标准的相关规定留制试块。

6）铺设。铺设前基层表面必须平整、洁净，并在基底上满涂防油渗水泥砂浆结合层，将搅拌均匀的混凝土，从房间内退着往外铺设。

7）振捣。用铁锹铺混凝土，厚度略高于找平墩，随即用平板振捣器振捣。厚度超过 200mm 时，应采用插入式振捣器，其移动距离不大于作用半径的 1.5 倍，做到不漏振，确保混凝土密实。振捣以混凝土表面出现泌水现象为宜。

8）撒面找平。混凝土振捣密实后，以墙柱上的水平控制线和找平墩为标志，检查平整度，高的铲掉，凹处补平。撒一层干拌水泥砂（水泥∶砂 = 1∶1），用水平刮杠刮平。有坡度要求的，应按设计要求的坡度做。

9）压光。

① 当面层灰面吸水后，用木抹子用力搓打、抹平，将干拌水泥砂拌合料与混凝土的浆液混合，使面层达到紧密接合。

② 第一遍抹压。用铁抹子轻轻抹压一遍直到出浆为止。

③ 第二遍抹压。在面层砂浆初凝后（上人有脚印但不下陷），用铁抹子把凹坑、砂眼填实抹平，注意不得漏压。

④ 第三遍抹压。在面层砂浆终凝前（上人有轻微脚印），用铁抹子用力抹压，把所有抹纹压平压光，达到面层表面密实、光洁。

10）养护。应在施工完成后 24h 左右覆盖和洒水养护，每天不少于 2 次，严禁上人，养护期不得少于 7d。

11）冬季施工时，环境温度不应低于 5℃。如果在低温下施工时，所掺抗冻剂必须经过试验室试验合格后方可使用。

防油渗地面施工完成效果及隔绝油渗效果如图 4-19 所示。

图 4-19 防油渗地面

在施工过程中，保障工程使用性能、施工成本和施工质量的基础上，最大程度减少污染物排放，减少建筑施工产生的石料、砂、瓦、砖、砂浆以及混凝土等废物垃圾。结合施工现场的实际情况和周围的自然生态环境，尊重大自然、保护大自然，尽量降低施工对自然环境的影响。在施工过程中设置隔离防护设备，对工程项目进行封闭式施工，减少施工中产生的污水、光噪声、粉尘等对人们或自然环境的影响，降低建筑污染物对自然环境和人类健康的危害。

4.1.2　质量验收标准

根据《建筑地面工程施工质量验收规范》（GB 50209—2010）的规定，建筑地面工程完工后，施工质量验收应在建筑施工企业自检合格的基础上，由监理单位组织有关单位对分项工程、子分部工程进行检验。

建筑地面工程的分项工程施工质量检验的主控项目，必须达到规范规定的质量标准，认定为合格；一般项目，80%以上的检查点（处）符合规范规定的质量要求，其他检查点（处）不得有明显影响使用，并不得大于允许偏差值的50%为合格。凡达不到质量标准时，应按现行国家标准《建筑工程施工质量验收统一标准》（GB 50300—2013）的规定处理。

1. 基本规定

（1）检验批及检查数量

1）基层（各构造层）和各类面层的分项工程的施工质量验收应按每一层次或每层施工段（或变形缝）作为检验批，高层建筑的标准层按每三层（不足三层按三层计）作为检验批。

2）每检验批应以各子分部工程的基层（各构造层）和各类面层所划分的分项工程按自然间（或标准间）检验，抽查数量应随机检验不应少于3间；不足3间，应全数检查；其中走廊（过道）应以10延米为1间，工业厂房（按单跨计）、礼堂、门厅应以两个轴线为1间计算。

3）有防水要求的建筑地面子分部工程的分项工程施工质量每检验批抽查数量应按其房间总数随机检验不应少于4间，不足4间应全数检查。

（2）检验方法

1）检查允许偏差应采用钢尺、2m靠尺、楔形塞尺、坡度尺和水平仪。

2）检查空鼓应采用敲击的方法。

3）检查有防水要求建筑地面的基层（各构造层）和面层，应采用泼水或蓄水方法，蓄水时间不得少于24h。

4）检查各类面层（含不需铺设部分或局部面层）表面的裂纹、脱皮、麻面和起砂等缺陷，应采用观察的方法。

2. 基层铺设施工质量标准

对于基土、垫层、找平层、隔离层和填充层等基层分项工程的施工质量检验，要求铺设的材料质量、密实度和强度等级（或配合比）等应符合设计要求和规范规定；当垫层、找平层内埋设暗管时，管道应按设计要求予以稳固。基层的标高、坡度、厚度等，应符合设计要求；基层表面应平整，其允许偏差应符合表 4-1 的规定。

表 4-1　基层表面的允许偏差和检验方法

项目			允许偏差/mm			
			表面平整度	标高	坡度	厚度
基土	土		15	0，−50	不大于房间相应尺寸的 2/1000，且不大于 30	在个别地方不大于设计厚度的 1/10
垫层	砂、砂石、碎石、碎砖		15	±20		
	灰土、三合土、炉渣、水泥混凝土		10	±10		
	木搁栅		3	±5		
	垫层地板	拼花实木地板、拼花实木复合地板、软木类地板面层	3	±5		
		其他种类面层	5	±8		
找平层	用沥青玛蹄脂做结合层铺设拼花木板、板块面层		3	±5		
	用水泥砂浆做结合层铺设板（砖）块面层		5	±8		
	用胶黏剂做结合层铺设拼花木板、塑料板、强化复合地板、竹地板面层		2	±4		
填充层	松散材料		7	±4		
	板、块材料		5			
隔离层	防水、防潮、防油渗		4	±4		
检验方法			用 2m 靠尺、楔形塞尺检查	用水准仪检查	用坡度尺检查	用钢尺检查

3. 整体面层铺设工程质量标准

（1）允许偏差项目　水泥混凝土（含细石混凝土）面层、水泥砂浆面层、水磨石面层、水泥钢（铁）屑面层、防油渗面层和不发火（防爆的）面层等整体面层的允许偏差及检验方法，应符合表 4-2 的规定。

表 4-2　整体面层的允许偏差和检验方法

项目	允许偏差/mm		
	表面平整度	踢脚线上口平直	缝格平直
水泥混凝土面层	5	4	3
水泥砂浆面层	4	4	3
普通水磨石面层	3	3	3
高级水磨石面层	2	3	2
水泥钢(铁)屑面层	4	4	3
防油渗混凝土和不发火(防爆的)面层	5	4	3
检验方法	用 2m 靠尺和楔形塞尺检查	拉 5m 线和用钢尺检查	

（2）施工质量标准

1）水泥混凝土面层的施工质量验收标准和检验方法，见表 4-3。

表 4-3　水泥混凝土面层的质量标准

项目	项次	质量要求	检验方法
主控项目	1	水泥混凝土采用的粗骨料，其最大粒径不应大于面层厚度的 2/3，细石混凝土面层采用的石子粒径不应大于 15mm	观察检查和检查材质合格证明文件及检测报告
	2	面层的强度等级应符合设计要求，且水泥混凝土面层强度等级不应小于 C20；水泥混凝土垫层兼面层强度等级不应小于 C15	检查配合比通知单及检测报告
	3	面层与下一层应结合牢固，无空鼓、裂纹	用小锤敲击检查
一般项目	4	面层表面不应有裂纹、脱皮、起砂等缺陷	观察检查
	5	面层表面的坡度应符合设计要求，不得有倒泛水和积水现象	观察和采用泼水或用坡度尺检查
	6	水泥砂浆踢脚线与墙面应紧密结合，高度一致，出墙厚度均匀	用小锤敲击、钢尺和观察检查
	7	楼梯踏步的宽度、高度应符合设计要求；楼层梯段相邻踏步高度差不应大于 10mm，每踏步两端宽度差不应大于 10mm；旋转楼梯梯段的每踏步两端宽度的允许偏差为 5mm；楼梯踏步的齿角应整齐，防滑条应顺直	观察和钢尺检查
	8	水泥混凝土面层的允许偏差应符合表 4-2 的规定	

注：1. 本表系根据《建筑地面工程施工质量验收规范》（GB 50209—2010）相关规定条文编制，下同。

　　2. 本表第 3 项空鼓面积不应大于 400cm²，且每自然间（标准间）不多于 2 处可不计。

　　3. 本表第 6 项空鼓长度不应大于 300mm，且每自然间（标准间）不多于 2 处可不计。

2）水泥砂浆面层的施工质量验收标准和检验方法，见表 4-4。

表 4-4　水泥砂浆面层的质量标准

项目	项次	质量要求	检验方法
主控项目	1	水泥采用硅酸盐水泥、普通硅酸盐水泥,其强度等级不应小于32.5级,不同品种、不同强度等级的水泥严禁混用;砂应为中砂,当采用石屑时,其粒径应为1~5mm,且含泥量不应大于3%	观察检查和检查材质合格证明文件及检测报告
	2	水泥砂浆面层的体积比(强度等级)必须符合设计要求;且体积比应为1:2,强度等级不应小于M15	检查配合比通知单和检测报告
	3	面层与下一层应结合牢固,无空鼓、裂纹	用小锤敲击检查
一般项目	4	面层表面不应有裂纹、脱皮、起砂等缺陷	观察检查
	5	面层表面的坡度应符合设计要求,不得有倒泛水和积水现象	观察和采用泼水或用坡度尺检查
	6	水泥砂浆踢脚线与墙面应紧密结合,高度一致,出墙厚度均匀	用小锤敲击、钢尺和观察检查
	7	楼梯踏步的宽度、高度应符合设计要求;楼层梯段相邻踏步高度差不应大于10mm,每踏步两端宽度差不应大于10mm;旋转楼梯梯段的每踏步两端宽度的允许偏差为5mm;楼梯踏步的齿角应整齐,防滑条应顺直	观察和钢尺检查
	8	水泥砂浆面层的允许偏差应符合表4-2的规定	

注:与表4-3注同。

3) 水磨石面层的施工质量验收标准和检验方法, 见表4-5。

表 4-5　水磨石面层的质量标准

项目	项次	质量要求	检验方法
主控项目	1	水磨石面层的石粒,应采用坚硬可磨的白云石、大理石等岩石加工而成,石粒应洁净无杂物,其粒径除特殊要求外应为6~15mm;水泥强度等级不应小于32.5;颜料应采用耐光、耐碱的矿物颜料,不得使用酸性颜料	观察检查和检查材质合格证明文件
	2	水磨石面层拌合料的体积比应符合设计要求,且为1:1.5~1:2.5(水泥:石粒)	检查配合比通知单和检测报告
	3	面层与下一层应结合牢固,无空鼓、裂纹	用小锤敲击检查
一般项目	4	面层表面应光滑;无明显裂纹、砂眼和磨纹;石粒密实,显露均匀;颜色图案一致,不混色;分格条牢固、顺直和清晰	观察检查
	5	踢脚线与墙面应紧密结合,高度一致,出墙厚度均匀	用小锤敲击、钢尺和观察检查

（续）

项目	项次	质量要求	检验方法
一般项目	6	楼梯踏步的宽度、高度应符合设计要求;楼层梯段相邻踏步高度差不应大于 10mm,每踏步两端宽度差不应大于 10mm;旋转楼梯梯段的每踏步两端宽度的允许偏差为 5mm;楼梯踏步的齿角应整齐,防滑条应顺直	观察和钢尺检查
	7	水泥砂浆面层的允许偏差应符合表 4-2 的规定	

注：1. 本表第 3 项空鼓面积不应大于 400cm²，且每自然间（标准间）不多于 2 处可不计。

2. 本表第 6 项空鼓长度不应大于 300mm，且每自然间（标准间）不多于 2 处可不计。

4）水泥钢（铁）屑面层的施工质量验收标准和检验方法，见表 4-6。

表 4-6　水泥钢（铁）屑面层的质量标准

项目	项次	质量要求	检验方法
主控项目	1	水泥强度等级不应小于 32.5 级;钢(铁)屑的粒径应为 1~5mm;钢(铁)屑中不应有其他杂质,使用前应去油除锈,冲洗干净并干燥	观察检查和检查材质合格证明文件及检测报告
	2	面层和结合层的强度等级必须符合设计要求,且面层抗压强度不应小于 40MPa;结合层体积比为 1:2(相应强度等级不应小于 M15	检查配合比通知单和检测报告
	3	面层与下一层应结合牢固,无空鼓	用小锤敲击检查
一般项目	4	面层表面坡度应符合设计要求	用坡度尺检查
	5	面层表面不应有裂纹、脱皮、麻面等缺陷	观察检查
	6	踢脚线与墙面应紧密结合,高度一致,出墙厚度均匀	用小锤敲击、钢尺和观察检查
	7	水泥钢(铁)屑面层的允许偏差应符合表 4-2 的规定	

任务 4.2　板块楼地面施工

4.2.1　工艺流程及施工要点

1. 砖面层施工

（1）工艺流程　检验水泥、砂、砖质量→材料强度试验→技术交底→选砖→准备机具设备→排砖→找标高→基底处理→铺抹结合层砂浆→铺砖→养护→勾缝→检查验收。

（2）施工要点

1）基层处理。把沾在基层上的浮浆、落地灰等用錾子或钢丝刷清理掉，再用扫帚将浮土清扫干净。

2）找标高。根据水平标准线和设计厚度，在四周墙、柱上弹出面层的上平标高控制线。

3）排砖。将房间依照砖的尺寸留缝大小，排出砖的放置位置，并在基层地面弹出十字控制线和分格线。排砖应符合设计要求，当设计无要求时，宜避免出现板块小于1/4边长的边角料。

4）铺设结合层砂浆。铺设前应将基底湿润，并在基底上刷一道素水泥浆或界面结合剂，随刷随铺设搅拌均匀的干硬性水泥砂浆。

5）铺砖。将砖放置在干拌料上，用橡皮锤找平，之后将砖拿起，在干拌料上浇适量素水泥浆，同时在砖背面涂厚度约1mm的素水泥膏，再将砖放置在找过平的干拌料上，用橡皮锤按标高控制线和方正控制线坐平坐正，如图4-20所示。

瓷砖的切割

图4-20 砖面层施工

6）铺砖时应先在房间中间按照十字线铺设十字控制砖，之后按照十字控制砖向四周铺设，并随时用2m靠尺和水平尺检查平整度。大面积铺贴时应分段、分部位铺贴。

7）如设计有图案要求，应按照设计图案弹出准确分格线，并做好标记，防止差错。

8）养护。砖面层铺贴完24h内应开始浇水养护，养护时间不得小于7d。

9）勾缝。当砖面层的强度达到可上人的时候，进行勾缝，用同种、同强度等级、同色的水泥膏或1∶1水泥砂浆，要求缝清晰、顺直、平整、光滑、深浅一致，缝应低于砖面0.5~1mm。

10）冬季施工时，环境温度不应低于5℃。

2. 大理石面层和花岗岩面层施工

（1）工艺流程　检验水泥、砂、大理石和花岗岩质量→材料强度试验→技术交底→试拼编号→准备机具设备→找标高→基底处理→铺抹结合层砂浆→铺大理石和花岗岩→养护→勾缝→检查验收。

（2）施工要点

1）试拼编号。在正式铺设前，对每一房间的石材板块，应按图案、颜色、纹理试拼，将非整块板对称排放在房间靠墙部位，试拼后按两个方向编号排列，然后按编号码放整齐。

2）找标高。根据水平标准线和设计厚度，在四周墙、柱上弹出面层的上平标高控制线。

3）基层处理。把沾在基层上的浮浆、落地灰等用錾子或钢丝刷清理掉，再用扫帚将浮土清扫干净。

4）排大理石和花岗岩。将房间依照大理石或花岗岩的尺寸，排出大理石或花岗岩的放置位置，并在地面弹出十字控制线和分格线。

5）铺设结合层砂浆。铺设前应将基底湿润，并在基底上刷一道素水泥浆或界面结合剂，随刷随铺设搅拌均匀的干硬性水泥砂浆。

6）铺大理石或花岗岩。将大理石或花岗岩放置在干拌料上，用橡皮锤找平，之后将大理石或花岗岩拿起，在干拌料上浇适量素水泥浆，同时在大理石或花岗岩背面涂厚度约1mm的素水泥膏，再将大理石或花岗岩放置在找过平的干拌料上，用橡皮锤按标高控制线和方正控制线坐平坐正，如图4-21所示。

图4-21　大理石地面施工

铺地面石材

室内地砖铺贴

7）铺大理石或花岗岩时应先在房间中间按照十字线铺设十字控制板块，之后按照十字控制板块向四周铺设，并随时用2m靠尺和水平尺检查平整度。大面积铺贴时应分段、分部位铺贴。

8）如设计有图案要求时，应按照设计图案弹出准确分格线，并做好标记，防止差错。

9）养护。大理石或花岗岩面层铺贴完应养护，养护时间不得小于7d。

10）勾缝。当大理石或花岗岩面层的强度达到可上人的时候（结合层抗压强度达到1.2MPa），进行勾缝，用同种、同强度等级、同色的掺色水泥膏或专用勾缝膏。颜料应使用矿物颜料，严禁使用酸性颜料。缝要求清晰、顺直、平整、光滑、深浅一致，缝色与石材颜色一致。

11）冬季施工时，环境温度不应低于5℃。

3. 预制板块面层施工

预制板块面层多用于室外装饰装修工程。

（1）工艺流程 检验水泥、砂、预制板块质量→材料强度试验→技术交底→试拼编号→准备机具设备→找标高→基底处理→铺抹结合层砂浆→铺预制板块→养护→勾缝→检查验收。

（2）施工要点

1）找标高。根据水平标准线和设计厚度，在四周墙、柱上弹出面层的上平标高控制线。

2）基层处理。把沾在基层上的浮浆、落地灰等用錾子或钢丝刷清理掉，再用扫帚将浮土清扫干净。

3）排预制板块。将房间依照预制板块的尺寸，排出预制板块的放置位置，并在地面弹出十字控制线和分格线。

4）铺设结合层砂浆。铺设前应将基底湿润，并在基底上刷一道素水泥浆或界面结合剂，随刷随铺设搅拌均匀的干硬性水泥砂浆。

5）铺预制板块。将预制板块放置在干拌料上，用橡皮锤找平，然后将预制板块拿起，在干拌料上浇适量素水泥浆，同时在预制板块背面涂厚度约1mm的素水泥膏，再将预制板块放置在找过平的干拌料上，用橡皮锤按标高控制线和方正控制线坐平坐正。

6）铺预制板块时应先在房间中间按照十字线铺设十字控制板块，之后按照十字控制板块向四周铺设，并随时用2m靠尺和水平尺检查平整度。大面积铺贴时应分段、分部位铺贴。

7）如设计有图案要求时，应按照设计图案弹出准确分格线，并做好标记，防止差错。

8）养护。预制板块面层铺贴完应养护，养护时间不得小于7d。

9）勾缝。当预制板块结合层的强度达到可上人的时候（结合层抗压强度达到1.2MPa），进行勾缝，用同种、同强度等级、同色的掺色水泥膏或专用勾缝膏。颜料应使用矿物颜料，严禁使用酸性颜料。缝要求清晰、顺直、平整、光滑、深浅一致，缝色与板材颜色一致，如图4-22所示。

10）冬季施工时，环境温度不应低于5℃。

铺室外便道石英
砂砖——干铺法

图 4-22　室外预制板块地面

4.2.2　质量验收标准

1. 允许偏差项目

砖面层、大理石面层和花岗石面层、预制板块面层、料石面层、塑料板面层、活动地板面层和地毯面层等的允许偏差及检验方法，应符合表4-7的规定。

表 4-7　板（砖）块面层的允许偏差和检验方法

项目	允许偏差/mm				
	表面平整度	缝格平直	接缝高低差	踢脚线上口平直	板块间隙宽度
陶瓷锦砖面层、高级水磨石板、陶瓷地砖面层	2.0	3.0	0.5	3.0	2.0
缸砖面层	4.0	3.0	1.5	4.0	2.0
水泥花砖面层	3.0	3.0	0.5	—	2.0
水磨石板块面层	4.0	3.0	1.0	4.0	2.0
大理石面层和花岗石面层	1.0	2.0	0.5	1.0	1.0
塑料板面层	2.0	3.0	0.5	2.0	—
水泥混凝土板块面层	4.0	3.0	1.5	4.0	6.0
碎拼大理石、碎拼花岗石	3.0	—	—	1.0	—

（续）

项 目	允许偏差/mm				
	表面平整度	缝格平直	接缝高低差	踢脚线上口平直	板块间隙宽度
活动地板面层	2.0	2.5	0.4		0.3
条石面层	10.0	8.0	2.0		5.0
块石面层	10.0	8.0	—		—
检验方法	用2m靠尺和楔形塞尺检查	拉5m线和用钢尺检查	用钢尺和楔形塞尺检查	拉5m线和用钢尺检查	用钢尺检查

2. 施工质量标准

1）陶瓷锦砖面层、缸砖面层、陶瓷地砖面层和水泥花砖面层等砖面层的施工质量验收标准和检验方法，见表4-8。

表4-8　砖面层的质量标准

项目	项次	质量要求	检验方法
主控项目	1	面层所用的砖块（陶瓷锦砖、缸砖、陶瓷地砖和水泥花砖等）的品种、质量必须符合设计要求	观察检查和检查材质合格证明文件及检测报告
	2	面层与下一层的结合（黏结）应牢固，无空鼓	用小锤敲击检查
一般项目	3	砖面层的表面应洁净、图案清晰、色泽一致，接缝平整、深浅一致，周边顺直；砖块无裂纹、掉角和缺楞等缺陷	观察检查
	4	面层邻接处的镶边用料及尺寸应符合设计要求，边角整齐、光滑	观察和用钢尺检查
	5	踢脚线表面应洁净、高度一致、结合牢固、出墙厚度一致	观察和用小锤敲击及钢尺检查
	6	楼梯踏步和台阶砖块的缝隙宽度应一致，齿角整齐；楼层梯段相邻踏步高度差不应大于10mm；防滑条应顺直、牢固	观察和用钢尺检查
	7	砖面层表面的坡度应符合设计要求，不倒泛水、无积水；与地漏、管道结合处应严密牢固，无渗漏	观察、泼水或坡度尺及蓄水检查
	8	砖面层的允许偏差应符合表4-7的规定	

注：本表第2项凡单块砖边角有局部空鼓，且每自然间（标准间）不超过总数5%的，可不计。

2）大理石、花岗石（含碎拼大理石和碎拼花岗石）面层的施工质量验收标准和检验方法，见表4-9。

表 4-9　大理石和花岗石面层的质量标准

项目	项次	质量要求	检验方法
主控项目	1	大理石、花岗石面层所用的板块的品种、质量应符合设计要求	观察检查和检查材质合格记录
	2	面层与下一层应结合牢固,无空鼓	用小锤敲击检查
一般项目	3	大理石、花岗石面层的表面应洁净、平整、无磨痕,且应图案清晰、色泽一致、接缝均匀、周边顺直、镶嵌正确,板块无裂纹、掉角和缺棱等缺陷	观察检查
	4	踢脚线表面应洁净,高度一致、结合牢固、出墙厚度一致	观察和用小锤敲击及钢尺检查
	5	楼梯踏步和台阶板块的缝隙宽度应一致、齿角整齐,楼层梯段相邻踏步高度差不应大于 10mm;防滑条应顺直、牢固	观察和用钢尺检查
	6	面层表面的坡度应符合设计要求,不倒泛水、无积水;与地漏、管道结合处应严密牢固,无渗漏	观察、泼水或坡度尺及蓄水检查
	7	大理石和花岗石面层的允许偏差应符合表 4-7 的规定	

注:本表第 2 项凡单块板边角有局部空鼓,且每自然间(标准间)不超过总数 5% 的,可不计。

3) 水泥混凝土板块面层和水磨石板块面层等预制板块面层的施工质量验收标准和检验方法,见表 4-10。

表 4-10　预制板块面层的质量标准

项目	项次	质量要求	检验方法
主控项目	1	预制板块的强度等级、规格、质量应符合设计要求;水磨石板块尚应符合国家现行行业标准《建筑装饰用水磨石》(JC/T 507—2012)的规定	观察检查和检查材质合格证明文件及检测报告
	2	面层与下一层应结合牢固、无空鼓	用小锤敲击检查
一般项目	3	预制板块表面应无裂缝、掉角、翘曲等明显缺陷	观察检查
	4	预制板块面层应平整洁净,图案清晰、色泽一致,接缝均匀,周边顺直、镶嵌正确	观察检查
	5	面层邻接处的镶边用料尺寸应符合设计要求,边角整齐、光滑	观察和钢尺检查
	6	踢脚线表面应洁净、高度一致、结合牢固、出墙厚度一致	观察和用小锤敲击及钢尺检查
	7	楼梯踏步和台阶板块的缝隙宽度应一致、齿角整齐,楼层梯段相邻踏步高度差不应大于 10mm;防滑条顺直	观察和钢尺检查
	8	水泥混凝土板块和水磨石板块面层的允许偏差应符合表 4-7 的规定	

注:本表第 2 项凡单块板块料边角有局部空鼓,且每自然间(标准间)不超过总数 5% 的,可不计。

4) 天然料石(条石、块石)面层的施工质量验收标准和检验方法,见表 4-11。

表 4-11 料石（条石和块石）面层的质量标准

项目	项次	质量要求	检验方法
主控项目	1	面层材质应符合设计要求；条石的强度等级应大于 MU60，块石的强度等级应大于 MU30	观察检查和检查材质合格证明文件及检测报告
	2	面层与下一层应结合牢固、无松动	观察检查和用锤击检查
一般项目	3	条石面层应组砌合理，无十字缝，铺砌方向和坡度应符合设计要求；块石面层石料缝隙应相互错开，通缝不超过两块石料	观察和用坡度尺检查
	4	条石面层和块石面层的允许偏差应符合表 4-7 的规定	

任务 4.3　竹（木）质楼地面施工

4.3.1　工艺流程及施工要点

1. 竹地板面层施工

（1）工艺流程　检验竹地板质量→技术交底→准备机具设备→防腐、防火、防虫处理→安装木搁栅→铺毛地板→铺竹地板→刨平磨光。

（2）施工要点

1）安装木搁栅。先在楼板上弹出各木搁栅的安装位置线（间距 300mm 或按设计要求）及标高，将搁栅（梯形断面，宽面在下）放平、放稳，并找好标高，用膨胀螺栓和角码（角钢上钻孔）把搁栅牢固固定在基层上，木搁栅下与基层间缝隙应用干硬性砂浆填密实。

2）铺毛地板。根据木搁栅的模数和房间的情况，将毛地板下好料。将毛地板牢固钉在木搁栅上，钉法采用直钉和斜钉混用，直钉钉帽不得突出板面。毛地板可采条板，也可采用整张的细木工板或中密度板等类产品。采用整张板时，应在板上开槽，槽的深度为板厚的 1/3，方向与搁栅垂直，间距 200mm 左右。

3）铺竹地板。从墙的一边开始铺钉企口竹地板，靠墙的一块板应离开墙面 10mm 左右，以后逐块排紧。钉法采用斜钉，竹地板面层的接头应按设计要求留置。

4）铺竹地板时应从房间内退着往外铺设。

5）刨平磨光。需要刨平磨光的地板应先粗刨后细刨，使面层完全平整后再用砂带机磨光。

6）不符合模数的板块，其不足部分在现场根据实际尺寸将板块切割后镶补，并应用胶黏剂加强固定。

7）需要油漆的竹地板，油漆工艺请参见本工艺标准相关章节。

2. 实木地板面层施工

（1）工艺流程　检验实木地板质量→技术交底→准备机具设备→安装木搁栅→铺毛地板→铺实木地板→刨平磨光。

（2）施工要点

1）安装木搁栅。先在楼板上弹出各木搁栅的安装位置线（间距300mm 或按设计要求）及标高，将搁栅（断面梯形，宽面在下）放平、放稳，并找好标高，用膨胀螺栓和角码（角钢上钻孔）把搁栅牢固固定在基层上，木搁栅下与基层间缝隙应用干硬性砂浆填密实，接触部位刷防腐剂。

2）铺毛地板。根据木搁栅的模数和房间的情况，将毛地板下好料。将毛地板牢固钉在木搁栅上，钉法采用直钉和斜钉混用，直钉钉帽不得突出板面。毛地板可采用条板，也可采用整张的细木工板或中密度板等类产品。采用整张板时，应在板上开槽，槽的深度为板厚的 1/3，方向与搁栅垂直，间距200mm 左右。

3）铺实木地板。从墙的一边开始铺钉企口实木地板，靠墙的一块板应离开墙面 10mm 左右，以后逐块排紧。钉法采用斜钉，实木地板面层的接头应按设计要求留置。

4）铺实木地板时应从房间内退着往外铺设，如图 4-23 所示。

铺木地板

图 4-23　实木地板面层

5）刨平磨光。需要刨平磨光的地板应先粗刨后细刨，使面层完全平整后再用砂带机磨光。

6）不符合模数的板块，其不足部分在现场根据实际尺寸将板块切割后镶补，并应用胶黏剂加强固定。

7）需要油漆的实木地板，油漆工艺请参见本工艺标准相关章节。

3. 实木复合地板面层施工

（1）工艺流程 检验实木复合地板质量→技术交底→准备机具设备→安装木搁栅→铺毛地板→铺实木复合地板→清理验收。

（2）施工要点

1）安装木搁栅。先在楼板上弹出各木搁栅的安装位置线（间距300mm或按设计要求）及标高，将搁栅（梯形断面，宽面在下）放平、放稳，并找好标高，用膨胀螺栓和角码（角钢上钻孔）把搁栅牢固固定在基层上，木搁栅下与基层间缝隙应用干硬性砂浆填密实。

2）铺毛地板。根据木搁栅的模数和房间的情况，将毛地板下好料。将毛地板牢固钉在木搁栅上，钉法采用直钉和斜钉混用，直钉钉帽不得突出板面。毛地板可采条板，也可采用整张的细木工板或中密度板等类产品。采用整张板时，应在板上开槽，槽的深度为板厚的1/3，方向与搁栅垂直，间距200mm左右。

3）铺实木复合地板。从墙的一边开始铺粘企口实木复合地板，靠墙的一块板应离开墙面10mm左右，以后逐块排紧。粘法采用点涂或整涂，板间企口也应适当涂胶。实木复合地板面层的接头应按设计要求留置。

4）铺实木复合地板时应从房间内退着往外铺设。

5）不符合模数的板块，其不足部分在现场根据实际尺寸将板块切割后镶补，并应用胶黏剂加强固定。

4. 中密度（强化）复合地板面层施工

（1）工艺流程 检验强化复合地板质量→技术交底→准备机具设备→基底清理→弹线→防火、防腐处理→铺衬垫→铺强化复合地板→清理验收。

（2）施工要点

1）基底清理。基层表面应平整、坚硬、干燥、密实、洁净、无油脂及其他杂质，不得有麻面、起砂、裂缝等缺陷。条件允许时，宜用自流平水泥将地面找平。

2）铺衬垫。将衬垫铺平，用胶黏剂点涂固定在基底上。

3）铺强化复合地板。从墙的一边开始铺粘企口强化复合地板，靠墙的一块板应离开墙面10mm左右，以后逐块排紧。板间企口应满涂胶，挤紧后溢出的胶要立刻擦净。强化复合地板面层的接头应按设计要求留置。

4）铺强化复合地板时应从房间内退着往外铺设。

5）不符合模数的板块，其不足部分在现场根据实际尺寸将板块切割后镶补，并应用胶黏剂加强固定。

4.3.2 质量验收标准

1. 允许偏差项目

实木地板面层、实木复合地板面层、中密度（强化）复合地板面层、竹地板面层等（包括免刨免漆类）面层的允许偏差，应符合表 4-12 的规定。

表 4-12　木、竹面层的允许偏差和检验方法

项次	项目	允许偏差/mm				检验方法
		实木地板面层			实木复合地板、中密度（强化）复合地板、竹地板面层	
		松木地板	硬木地板	拼花地板		
1	板面缝隙宽度	1.0	0.5	0.2	0.5	用钢尺检查
2	表面平整度	3.0	2.0	2.0	2.0	用 2m 靠尺和楔形塞尺检查
3	踢脚线上口平齐	3.0	3.0	3.0	3.0	拉 5m 线,不足 5m 拉通线和用钢尺检查
4	板面拼缝平直	3.0	3.0	3.0	3.0	
5	相邻板材高差	0.5	0.5	0.5	0.5	用钢尺和楔形塞尺检查
6	踢脚线与面层地接缝	1.0				楔形塞尺检查

2. 施工质量标准

1）实木地板面层的施工质量验收标准和检验方法，见表 4-13。

表 4-13　实木地板面层的质量标准

项目	项次	质量要求	检验方法
主控项目	1	实木地板面层所采用的材质和铺设时的木材含水率必须符合设计要求;木搁栅、垫木和毛地板等必须做防腐、防蛀处理	观察检查和检查材质合格证明文件及检测报告
	2	木搁栅安装应牢固、平直	观察、脚踩检查
	3	面层铺设应牢固;黏结无空鼓	观察、脚踩或用小锤轻击检查
一般项目	4	实木地板面层应刨平、磨光,无明显刨痕和毛刺等现象;图案清晰、颜色均匀一致	观察、手摸和脚踩检查
	5	面层缝隙应严密;接头位置应错开,表面洁净	观察检查

（续）

项目	项次	质量要求	检验方法
一般项目	6	拼花地板接缝应对齐,粘、钉严密;缝隙宽度均匀一致;表面洁净,胶粘无溢胶	观察检查
	7	踢脚线表面应光滑,接缝严密,高度一致	观察和钢尺检查
	8	实木地板面层的允许偏差应符合表4-12的规定	

2）实木复合地板面层的施工质量验收标准和检验方法，见表4-14。

表4-14　实木复合地板面层的质量标准

项目	项次	质量要求	检验方法
主控项目	1	实木复合地板面层所采用的条材和块材,其技术等级及质量要求应符合设计要求;木搁栅、垫木和毛地板等必须做防腐、防蛀处理	观察检查和检查材质合格证明文件及检测报告
	2	木搁栅安装应牢固、平直	观察、脚踩检查
	3	面层铺设应牢固;黏结无空鼓	观察、脚踩或用小锤轻击检查
一般项目	4	实木复合地板面层图案和颜色应符合设计要求,图案清晰,颜色一致,板面无翘曲	观察、用2m靠尺和楔形塞尺检查
	5	面层的接头应错开、缝隙严密、表面洁净	观察检查
	6	踢脚线表面光滑,接缝严密,高度一致	观察和钢尺检查
	7	实木复合地板面层的允许偏差应符合表4-12的规定	

3）中密度（强化）复合地板面层的施工质量验收标准和检验方法，见表4-15。

表4-15　中密度（强化）复合地板面层的质量标准

项目	项次	质量要求	检验方法
主控项目	1	中密度(强化)复合地板面层所采用的材料,其技术等级及质量要求应符合设计要求;木搁栅、垫木和毛地板等应做防腐、防蛀处理	观察检查和检查材质合格证明文件及检测报告
	2	木搁栅安装应牢固、平直	观察、脚踩检查
	3	面层铺设应牢固	观察、脚踩检查
一般项目	4	中密度(强化)复合地板面层图案和颜色应符合设计要求,图案清晰,颜色一致,板面无翘曲	观察、用2m靠尺和楔形塞尺检查
	5	面层的接头应错开、缝隙严密、表面洁净	观察检查
	6	踢脚线表面应光滑,接缝严密,高度一致	观察和钢尺检查
	7	中密度(强化)复合地板面层的允许偏差应符合表4-12的规定	

4）竹地板面层的施工质量验收标准和检验方法，见表4-16。

表 4-16　竹地板面层的质量标准

项目	项次	质量要求	检验方法
主控项目	1	竹地板面层所采用的材料,其技术等级及质量要求应符合设计要求;木搁栅、垫木和毛地板等应做防腐、防蛀处理	观察检查和检查材质合格证明文件及检测报告
	2	木搁栅安装应牢固、平直	观察、脚踩检查
	3	面层铺设应牢固;粘贴无空鼓	观察、脚踩或用小锤轻击检查
一般项目	4	竹地板面层品种与规格应符合设计要求,板面无翘曲	观察、用 2m 靠尺和楔形塞尺检查
	5	面层缝隙应均匀、接头位置错开,表面洁净	观察检查
	6	踢脚线表面应光滑,接缝均匀,高度一致	观察和用钢尺检查
	7	竹地板面层的允许偏差应符合表 4-12 的规定	

任务 4.4　塑料及地毯楼地面施工

4.4.1　工艺流程及施工要点

1. 塑料（塑胶）面层施工

（1）工艺流程　检验水泥、砂、塑料板质量→材料强度试验→技术交底→准备机具设备→基底处理→弹线→刷底胶→铺塑料板→擦光上蜡→检查验收。

（2）施工要点

1）基层处理。把沾在基层上的浮浆、落地灰等用錾子或钢丝刷清理掉,再用扫帚将浮土清扫干净。用自流平水泥将地面找平,养护至达到强度要求。清水冲洗,不允许残留白灰。

2）弹线。将房间依照塑料板的尺寸,排出塑料板的放置位置,并在地面弹出十字控制线和分格线。可直角铺板,也可弹 45°或 60°斜角铺板线。

3）刷底胶。铺设前应将基底清理干净,并在基底上刷一道薄而均匀的底胶,底胶干燥后,按弹线位置沿轴线由中央向四面铺贴。

4）铺塑料板。将塑料板背面用干布擦净,在铺设塑料板的位置和塑料板的背面各涂刷一道胶。在涂刷基层时,应超出分格线 10mm,涂刷厚度应小 1mm。在粘贴塑料板块时,宜待胶干燥至不沾手,按已弹好的线铺贴,应一次就位准确,粘贴密实。基层涂刷胶黏剂时,不得面积过大,要随贴随刷。

5）铺塑料板时应先在房间中间按照十字线铺设十字控制板块，之后按照十字控制板块向四周铺设，并随时用2m靠尺和水平尺检查平整度。大面积铺贴时应分段、分部位铺贴。

6）塑料卷材的铺贴。预先按已计划好的卷材铺贴方向及房间尺寸裁料，按铺贴的顺序编号，刷胶铺贴。铺贴时，将卷材的一边对准所弹的尺寸线，用压辊压实，要求对线连接平顺，不卷不翘，然后依以上方法铺贴。

7）如设计有图案要求，应按照设计图案弹出准确分格线，并做好标记，防止差错。

8）当板块缝隙需要焊接时，宜在48h以后施焊，亦可采用先焊后铺贴。焊条成分、性能与被焊的板材性能要相同。

9）冬季施工时，环境温度不应低于5℃。

塑料地面如图4-24所示。

图4-24 塑料地面

2. 地毯面层施工

（1）工艺流程 检验地毯质量→技术交底→准备机具设备→基底处理→弹线套方、分格定位→地毯剪裁→钉倒刺板条→铺衬垫→铺地毯→细部处理收口→检查验收。

（2）施工要点

1）基层处理。把沾在基层上的浮浆、落地灰等用錾子或钢丝刷清理掉，再用扫帚将浮土清扫干净。如条件允许，宜用自流平水泥将地面找平。

2）弹线套方、分格定位。严格依照设计图纸对各个房间的铺设尺寸进行度量，检查房间的方正情况，并在地面弹出地毯的铺设基准线和分格定位线。活动地毯应根据地毯的尺寸，在房间内弹出定位网格线。

3）地毯剪裁。根据放线定位的数据，剪裁出地毯，长度应比房间长度大20mm。

4）钉倒刺板条。沿房间四周踢脚边缘，将倒刺板条牢固钉在地面基层上，倒刺板条应距踢脚8~10mm。

5）铺衬垫。将衬垫采用点粘法粘在地面基层上，要离开倒刺板10mm左右。

6）铺设地毯。先将地毯的一条长边固定在倒刺板上，毛边掩到踢脚板下，用地毯撑子拉伸地毯，直到拉平为止；然后将另一端固定在另一边的倒刺板上，掩好毛边到踢脚板下。一个方向拉伸完，再进行另一个方向的拉伸，直到四个边都固定在倒刺板上。在边长较长的时候，应多人同时操作，拉伸完毕时应确保地毯的图案无扭曲变形。

7）铺活动地毯时应先在房间中间按照十字线铺设十字控制块，之后按照十字控制块向四周铺设。大面积铺贴时应分段、分部位铺贴。如设计有图案要求时，应按照设计图案弹出准确分格线，并做好标记，防止差错。

8）当地毯需要接长时，应采用缝合或烫带黏结（无衬垫时）的方式，缝合应在铺设前完成，烫带黏结应在铺设的过程中进行，接缝处应与周边无明显差异。

9）细部收口。地毯与其他地面材料交接处和门口等部位，应用收口条做收口处理。

地毯地面施工如图 4-25 所示。

图 4-25　地毯地面施工

4.4.2　质量检验标准

1）塑料板（包括塑料板块材、塑料板焊接及塑料卷材）面层的施工质量验收标准和检验方法，见表 4-17。

表 4-17　塑料板（板块及卷材）面层的质量标准

项目	项次	质量要求	检验方法
主控项目	1	塑料板面层所用的塑料板块和卷材的品种、规格、颜色、等级应符合设计要求和现行国家标准的规定	观察检查和检查材质合格证明文件及检测报告
	2	面层与下一层的黏结应牢固，不翘边、不脱胶、无溢胶	观察检查和用锤击及钢尺检查
一般项目	3	塑料板面层应表面洁净、图案清晰、色泽一致、接缝严密、美观；拼缝处的图案、花纹吻合，无胶痕；与墙面交接严密，阴阳角收边方正	观察检查
	4	板块的焊接，焊缝应平整、光洁，无焦化变色、斑点、焊瘤和起鳞等缺陷，其凹凸允许偏差为±0.6mm；焊缝的抗拉强度不得小于塑料板强度的 75%	观察检查和检查检测报告
	5	镶边用料应尺寸准确、边角整齐、拼缝严密、接缝顺直	用钢尺和观察检查

注：本表第 2 项卷材局部脱胶处面积不应大于 $20cm^2$，且相隔间距不小于 50cm 的，可不计；凡单块板块料边角局部脱胶处且每自然间（标准间）不超过总数的 5% 者可不计。

2）地毯（方块及卷材）面层的施工质量验收标准和检验方法，见表 4-18。

表 4-18 地毯（方块及卷材）面层的质量标准

项目	项次	质量要求	检验方法
主控项目	1	地毯的品种、规格、颜色、花色、胶料和辅料及其材质必须符合设计要求和国家现行地毯产品标准的规定	观察检查和检查材质合格记录
	2	地毯表面应平服,拼缝处黏结牢固、严密平整、图案吻合	观察检查
一般项目	3	地毯表面不应起鼓、起皱、翘边、卷边、显拼缝、露线和有毛边,绒面毛顺光一致,毯面干净,无污染和损伤	观察检查
	4	地毯同其他面层连接处、收口处和墙边、柱子周围应顺直、压紧	观察检查

在施工的过程中，还需要注重对可回收资源的利用。对已经形成的固体建筑垃圾，通过改善管理、分类，并加以回收循环利用和再加工综合利用等措施来实施对废弃物的处理和回收，有效控制污染，提高资源利用效率，实现环境资源的可持续发展。现实中，很多企业将固体垃圾运离施工现场，大量耕地被垃圾填毁，失去耕种功能。同时，企业施工完成后，又从山坡或河流挖来大量砂土对建筑物底层和周边设施进行回填。这一现状在施工企业中普遍存在，耗费了大量物力、财力、人力，严重破坏自然环境。可考虑在施工现场建立废物回收系统，既可降低企业运输或填埋垃圾的费用，同时还可通过再回收或重复利用施工材料减少其消耗量。

项目5　墙饰面装饰施工

【导读】

本项目介绍各类型墙面装饰的施工工艺及施工要点。

【知识目标】

掌握本项目内容涉及的各类型墙面装饰的施工工艺流程。

【能力目标】

能够根据标准施工工艺流程及施工要点进行工程质量控制与检验。

任务 5.1　墙饰面工程施工

5.1.1　装饰抹灰施工

装饰抹灰是指利用材料特点和工艺处理，使抹灰面具有不同的质感、纹理及色泽效果的抹灰类型和施工方式，主要包括水刷石、斩假石、干粘石和假面砖等项目，如若处理得当并精工细作，其抹灰层既能保持与一般抹灰的相同功能，又可取得独特的装饰艺术效果。

根据当前国内建筑装饰装修的实际情况，现行国家标准删除了传统装饰抹灰工程的拉毛灰、洒毛灰、喷砂、喷涂、彩色抹灰和仿石等项目，它们的装饰效果可以由涂料涂饰以及新型装饰制品等所取代。对于较大规模的饰面工程，应综合考虑其用工用料和节能、环保等经济效益与社会效益等多方面的重要因素，例如水刷石，由于其浪费水资源并对环境有污染，应尽量减少使用。

1. 装饰抹灰施工的一般要求

装饰抹灰工程施工的检查与交接、基体和基层处理等同一般抹灰的要求基本相同，针对装饰抹灰的一些特殊之处，应注意以下要点。

（1）材料

1）装饰抹灰所采用的材料，必须符合设计要求并经验收和试验确定合格方可使用。

2）同一墙面或设计要求为同一装饰组成范围的砂浆（色浆），应使用同一产地、品种、批号，并采用同一配合比、同一搅拌设备及专人操作，以保证色泽一致。

（2）基层

1）抹灰前基层表面的尘土、污垢、油渍等应清除干净，并应洒水湿润。

2）装饰抹灰面层应做在已经硬化、较为粗糙并平整的中层砂浆面上；面层施工前须检查中层抹灰的施工质量，经验收合格后洒水湿润。

（3）分格缝及施工缝

1）装饰抹灰面层有分格要求时，分格条应宽窄厚薄一致，粘贴在中层砂浆上应横平竖直，交接严密，完工后应适时全部取出。

2）装饰抹灰面层的施工缝，应留在分格缝、墙面阴角、落水管背后或是独立装饰组成部分的边缘处。

（4）施工分段与抹灰厚度

1）对于高层建筑的外墙装饰抹灰，应根据建筑物实际情况，可划分若干施工段，其垂直度可用经纬仪控制，水平通线可按常规做法。

2）由于材料的特点，装饰抹灰饰面的总厚度通常要大于一般抹灰，当抹灰总厚度≥35mm时，应按设计要求采取加强措施（包括不同材料基体交接处的防开裂加强措施）。当采用加强网时，加强网与各基体的搭接宽度不应小于100mm。

2. 水刷石装饰抹灰

（1）底、中层抹灰　水刷石装饰抹灰不同基体的基层处理和底、中层抹灰材料配合比等要求，应按设计规定。一般多采用1:3水泥砂浆进行底、中层抹灰，总厚度约为12mm。

（2）水刷石面层施工

1）抹水泥石粒浆。待中层砂浆凝结硬化后，按设计要求弹分格线并粘贴分格条,然后根据中层抹灰的干燥程度适当洒水湿润,用铁抹子满刮水胶比为0.37~0.40(内掺适量的胶黏剂)的聚合物水泥浆一道,随即抹面层水泥石粒浆。

面层水泥石粒浆的批抹厚度,通常是根据所用石粒的粒径确定,一般为石粒粒径的2.5倍。水泥石粒浆(或水泥石灰膏石粒浆)的稠度应为5~7cm,要用铁抹子一次抹平,随抹随揉平、压紧,但也不宜把石粒压得过于紧固。每一个分格内均应从下边抹起,每抹完一格即用直尺检查其平整度,凹凸处及时修理并将露出平面的石粒轻轻拍平。

2)修整。罩面水泥石粒浆层稍干无水光时,先用铁抹子抹理一遍,将小孔洞压实、挤严,然后用软毛刷蘸水刷去表面灰浆,并用抹子轻轻拍平石粒,再刷一遍再次拍压,如此将水刷石面层分遍拍平压实,使石粒较为紧密且均匀分布。

3)喷水冲刷:冲水是确保水刷石饰面质量的重要环节之一,如冲洗不净会使水刷石表面色泽晦暗或明暗不一。当罩面层凝结(表面略有发黑,手感稍有柔软但不显指痕),用刷子刷扫石粒不掉时,即可开始喷水冲刷。喷刷分两遍进行,第一遍先用软毛刷蘸水刷掉面层水泥浆露出石粒;第二遍随即用喷浆机或喷雾器将四周相邻部位喷湿,然后由上往下顺序喷水。喷射要均匀,喷头距墙面100~200mm,将面层表面及石粒间的水泥浆冲出,使石粒露出表面1/3~1/2粒径,达到清晰可见。冲刷时要做好排水工作,使水不会直接顺墙面流下。

喷刷完成后即可取出分格条,刷光理净分格缝,并用水泥浆勾缝。

水刷石墙面施工完毕后效果如图5-1所示。

图 5-1 水刷石墙面

3. 斩假石装饰抹灰

斩假石又称剁斧石。斩假石（錾假石）装饰抹灰饰面是在水泥砂浆抹灰中层上批抹水泥石粒浆，待其硬化后用剁斧、齿斧及钢凿等工具剁出有规律的纹路，使之具有类似经过雕琢的天然石材的表面形态。所用施工工具除一般抹灰常用工具外，尚需备有剁斧（斩斧）、单刃或多刃斧、花锤（棱点锤）、钢凿和尖锥等。

（1）面层抹灰

1）抹底、中层砂浆。在基层处理之后即抹底、中层灰，一般多采用1∶2水泥砂浆，两层厚度为10~14mm。施工时注意各抹灰层表面的划毛，以保证整体结合的质量。涂抹面层砂浆前要洒水湿润已凝结的中层抹灰，并满刮水胶比为0.37~0.40的水泥浆（可掺入适量胶黏剂）一道，按设计要求分格弹线、粘贴分格条。

2）抹面层。面层采用1∶1.25的水泥石粒（屑）浆，铺抹厚度为10~11mm。石粒为2mm左右粒径的米粒石，内掺30%粒径为0.15~1.0mm的石屑。材料应统一准备，干拌均匀后待用。

罩面操作一般分两次进行。先薄抹一层灰浆，稍收水后再抹一遍灰浆与分格条齐平；用刮尺赶平，然后再用木抹子反复压实，达到表面平整，阴阳角方正；最后用软毛刷顺拟剁纹方向轻扫一遍。面层抹灰完成后24h进行养护，常温（15~30℃）养护2~3d，较低气温时（5~15℃）宜养护4~5d，其强度控制在5MPa，即水泥强度尚不大，较容易斩剁而石粒又剁不掉的程度为宜。

（2）斩剁操作　应先试剁，以石粒不脱落为准。斩剁要先弹纹路线（线距约为100mm，以避免操作中剁纹走斜。斩剁时应保持表面湿润，以防止石屑爆裂。斩假石的质感效果有立纹剁斧、花锤剁斧等，由设计确定。为便于操作并增强装饰性，棱角和分格缝周圈宜留设15~20mm宽度的镜边。镜边也可与天然石材的处理方式相同，改为横向剁纹。墙面或造型体的阳角处，应采用横剁，并应留出宽窄一致的不剁的镜边。

斩假石操作应自上而下进行，先斩转角和四周边缘，后斩中部饰面。斩剁时动作要快并轻重均匀，剁纹深浅一致。完成每一行后随时取出分格条，用水泥浆修整好分格缝。

斩假石墙面施工完毕后效果如图5-2所示。

（3）拉假石　拉假石为斩假石装饰抹灰纹路效果的一种简易做法，面层灰浆可采用1∶2.5的水泥石英砂（或白云石屑）浆，抹8~10mm厚，收水后用木抹子搓平，然后压实、压光。抹灰层终凝后，用抓耙（可用废锯条制作）依着靠尺板按同一方向耙拉，在抹灰层表面划出清晰的纹理（石材细琢面）效果。

4. 干粘石装饰抹灰

干粘石是将彩色石粒直接粘在砂浆层上的一种装饰抹灰做法。干粘石通过采用彩色和黑白石粒掺合，使抹灰饰面具有天然石料质地朴实、凝重或色彩优雅的特点，如图 5-3 所示。干粘石

图 5-2　斩假石墙面

的石粒，也可用彩色瓷粒和石屑所取代，使装饰抹灰饰面更趋丰富。

图 5-3　干粘石墙面

（1）干粘石的手工操作

1）底、中层抹灰。可采用 1:3 水泥砂浆抹底层和中层灰，总厚度为 10~14mm，抹灰表面保持平整、粗糙，并注意养护。

2）抹黏结层砂浆：根据中层抹灰的干燥程度洒水湿润，刷水泥浆结合层一道（水灰比为 0.40~0.50）。按设计要求弹线分格，用水泥浆粘贴分格条，干粘石抹灰饰面的分格缝宽度一般不小于 20mm；小面积抹灰只起线型装饰作用时，其缝宽尺寸可适当略减。

黏结层砂浆可采用聚合物水泥砂浆，其稠度不大于 8cm，铺抹厚度根据所用石粒的粒径而定，一般为 4~6mm。要求涂抹平整，不显抹痕；按分格大小，一

次抹一格或数格，避免在格内留槎。

3）甩粘石粒与拍压平整。待黏结层砂浆干湿适宜时，即进行甩粘石粒。一手拿盛料盘，内盛洗净晾干的石粒（干粘石多采用小八厘石碴，过4mm筛去除粉末杂质），一手持木拍，用拍铲起石粒反手往墙面黏结层砂浆上甩。甩射面要大，平稳有力。先甩粘四周易干部位，后甩粘中部，要使石粒均匀地嵌入黏结层砂浆中。如发现石粒分布不匀或过于稀疏，可以用手及抹子直接补粘。

在黏结砂浆表面均匀地粘嵌上一层石粒后，用抹子或橡胶辊轻手拍、压一遍，使石粒埋入砂浆的深度不小于1/2粒径，拍压后石粒应平整坚实。等候10~15min，待灰浆稍干时，再做第二次拍平，用力稍强，但仍以轻力拍压和不挤出灰浆为宜。如有石粒下坠、不均匀、外露尖角太多或面层不平等不合格现象，应再一次补粘石粒和拍压。但应注意，先后的粘石操作不要超过45min，即在水泥初凝前结束。

4）起分格条及勾缝。干粘石饰面达到表面平整、石粒饱满时，即可起出分格条，起条时不要碰动石粒。取出分格条后，随手清理分格缝并用水泥浆予以勾抹修整，使分格缝达到顺直、清晰，宽窄一致。

（2）干粘石的机喷施工　机喷干粘石是指采用压缩空气将石粒喷洒在墙面尚未硬化的水泥浆黏结层上，成为干粘石抹灰饰面。与手工甩石相比，机喷石的施工效率高，但其黏结分布密度相对较低，有时会出现透底，应及时用手工配合进行补粘处理。

1）机具设备　主要有喷斗、空气压缩机（排气量0.6m³/min，工作压力0.6~0.8MPa），一台空气压缩机可带两个喷石料斗。喷气输送管采用内径为8mm的胶管。其他还有装石料容器、橡胶辊和接石粒的盛料盘等。

2）机喷石粒。在墙面基层处理、洒水湿润、设置标筋、抹1:3水泥砂浆底中层灰等工序完成后，按设计要求的分格尺寸弹分格线，按线粘贴浸水湿透的布条，用布条分出区格，再按区格满刮水灰比为0.37~0.40的水泥浆一道，接着抹聚合物砂浆（材料配合比由设计确定）黏结层，厚度为4~5mm。为了延缓黏结砂浆的凝结时间，以满足喷粘石粒的操作，可以在砂浆中掺入水泥重量为0.3%的木质素磺酸钙。

黏结砂浆抹完一个格区，即可喷射石粒。一人手持喷斗，一人负责装料，先喷格区的边角部位，后喷大面。喷大面时应自下而上进行，以避免砂浆流坠。喷斗要垂直于墙面，喷嘴距离墙面宜为15~25cm。喷完石粒待砂浆稍收水，用橡胶辊自上而下滚压一遍，滚压着力要轻，不要将灰浆挤出表面石粒层。

3）勾分格缝。相邻格区滚压完成后即可揭掉分格布条，应修整好分格缝，取出黏结不良的石碴飞粒，用水泥浆勾好分格缝，做到横平竖直，宽窄一致。

（3）机喷石屑抹灰

1）主要机具设备：空气压缩机（排气量 $0.6m^3/min$，工作压力 $0.4 \sim 0.6MPa$）UBJ-0.8 型挤压式砂浆泵，喷斗（喷嘴口径 8mm）和小型砂浆搅拌机。

2）材料组成。采用粒径为 2~3mm 的石屑，事先分别筛除粒径在 3mm 以上的粗粒和粒径在 2mm 以下的细粉。其黏结砂浆可采用聚合物白水泥水泥砂浆（或以石粉代砂），稠度为 12cm 左右；黏结砂浆中可掺入木质素磺酸钙、甲基硅醇钠（预先用硫酸铝中和至 pH 值为 8）；喷粘石屑的颜色及配合比按设计规定。

3）基层封闭。先涂刷建筑胶黏剂或薄刮聚合物水泥浆封闭基层，然后按设计要求弹线分格、粘贴分格条。

4）喷抹黏结层砂浆。黏结砂浆可以用手工抹，也可采用机械喷涂，按分格逐区喷抹，厚度为 2~3mm。采用手工抹制时，注意涂抹平整；采用挤压式砂浆泵喷涂时要连续两遍完成，应防止流坠。黏结层砂浆要涂抹均匀，不得漏涂。

5）机喷石屑施工：喷抹黏结砂浆后，适时用喷斗从左至右、自下而上喷粘石屑。喷嘴与墙面的距离保持在 30~50cm 的距离。空气压缩机的压力、气量要适当，要求墙面满粘石屑并均匀密实。石屑装斗前应稍加清水润湿，以免施工中粉尘飞扬，并保证黏结牢固。

如果黏结砂浆层表面干燥而影响黏结时，应补抹砂浆，切忌刷水，以防饰面析白。

5. 假面砖装饰抹灰

假面砖装饰抹灰是指采用彩色砂浆和相应的工艺处理，将抹灰面抹制成陶瓷饰面砖分块形式及其表面效果的装饰抹灰做法，如图 5-4 所示。

1）彩色砂浆配制。按设计要求的饰面色调配制数种做出样板，以确定标准配合比。

2）操作工具及其应用。操作工

图 5-4　假面砖装饰抹灰墙面

具主要有靠尺板（上面划出面砖分块尺寸的刻度）以及划缝工具铁皮刨、铁钩、铁梳子或铁辊之类。用铁皮刨或铁钩划制模仿饰面砖墙面的宽缝效果；以铁梳子或铁辊划出或滚压出饰面砖的密缝效果。

3）假面砖施工。底、中层抹灰采用1:3水泥砂浆，表面达到平整并保持粗糙，凝结硬化后洒水湿润，即可进行弹线。先弹宽缝线，用以控制面层划沟（面砖凹缝）的顺直度；然后抹1:1水泥砂浆垫层，厚度3mm；接着抹面层彩色砂浆，厚度3~4mm。

面层彩色砂浆稍收水后，即用铁梳子沿靠尺板划纹，纹深1mm左右，划纹方向与宽缝线相垂直，作为假面砖密缝；然后用铁皮刨或铁钩沿靠尺板划沟（也可采用铁辊进行滚压划纹），纹路凹入深度以露出垫层为准，随手扫净飞边砂粒。

5.1.2 抹灰类饰面工程施工

1. 基本规定

1）内墙抹石灰砂浆工程必须符合设计要求。

2）材料使用必须符合现行国家标准的规定，严禁使用国家明令淘汰的材料。

3）各工序应按施工技术标准进行质量控制，每道工序完成后，应进行工序交接检验。

4）相关各专业工种之间，应进行交接检验，并形成记录，未经监理工程师或建设单位技术负责人检查认可，不得进行下道工序施工。

5）施工过程质量管理应有相应的施工技术标准和质量管理体系，加强过程质量控制管理。

6）施工单位应遵守有关环境保护的法律法规，并应采取有效措施控制施工现场的各种粉尘、废弃物、噪声、振动等对周围环境造成的污染和危害。

2. 质量要求

1）普通抹灰：表面光滑、洁净、接槎平整、分格线应清晰。

2）高级抹灰：表面光滑、颜色均匀，无抹痕、线角及灰线平直方正、分格线清晰美观。

3. 工艺流程

基底清理→浇水湿润→挂加强网→吊垂直、套方、找规矩、抹灰饼→抹水泥踢脚或墙裙→做护角→抹水泥窗台→墙面冲筋→抹底灰→修补预留孔、洞、配电箱、槽、盒等→抹罩面灰。

4. 施工要点

（1）基层清理

1）砖砌体：应清除表面杂物，残留灰浆、舌头灰、尘土等。

2）混凝土基体：表面凿毛或在表面洒水润湿后涂刷 1∶1 水泥砂浆（加适量胶粘剂或界面剂）

3）加气混凝土基体：应在湿润后边涂刷界面剂，边抹强度不大于 M5 的水泥混合砂浆。

（2）浇水湿润　一般在抹灰前一天，用软管或胶皮管或喷壶顺墙自上而下浇水湿润，每天宜浇两次。

（3）挂加强网　抹灰墙面基层应满挂加强网，如图 5-5 所示。混凝土墙面抹灰应选用钢丝网做加强网，砌块等砖墙面可选用玻璃纤维网做加强网，不同材质之间加强网的搭接宽度应不小于国家规范规定。

图 5-5　墙面挂加强网示意图

（4）吊垂直、套方、找规矩、做灰饼　根据设计图纸要求的抹灰质量，根据基层表面平整垂直情况，用一面墙做基准，吊垂直、套方、找规矩，确定抹灰厚度，抹灰厚度不应小于 7mm。

当墙面凹度较大时应分层衬平。每层厚度不大于 7~9mm。操作时应先抹上灰饼，再抹下灰饼。抹灰饼时应根据室内抹灰要求，确定灰饼的位置，再用靠尺板找好垂直与平整。灰饼宜用 1∶3 水泥砂浆抹成 5cm×5cm 的方形。

房间面积较大时应先在地上弹出十字中心线，然后按基层面平整度弹出墙角线，随后在距墙阴角 100mm 处吊垂线并弹出铅垂线，再按地上弹出的墙角线往墙上翻引弹出阴角两面墙上的墙面抹灰层厚度控制线，以此做灰饼，然后根据灰饼冲筋。

（5）抹水泥踢脚（或墙裙）　根据已抹好的灰饼冲筋（此筋可以冲的宽一些，8~10mm 为宜，因此筋即为抹踢脚或墙裙的依据，同时也作为墙面抹灰的依据），底层抹 1∶3 水泥砂浆，抹好后用大杠刮平，木抹搓毛，常温第二天用 1∶2.5 水泥砂浆抹面层并压光。踢脚或墙裙厚度应符合设计要求，无设计要求时以凸出墙面 5~7mm 为宜。凡凸出抹灰墙面的踢脚或墙裙上口必须保证光洁顺直，踢脚或墙面抹好后将靠尺贴在大面与上口平，然后用小抹子将上口抹平压光，凸出墙面的棱角要做成钝角，不得出现毛茬和飞棱。

（6）做护角　墙、柱间的阳角应在墙、柱面抹灰前用 1∶2 水泥砂浆做护角，其高度自地面以上 2m。其做法如图 5-6 所示，然后将墙、柱的阳角处浇水湿润。第一步在阳角正面立上八字靠尺，靠尺凸出阳角侧面，凸出厚度与成活抹灰面平，然后在阳角侧面，依靠尺边抹水泥砂浆，并用铁抹子将其抹平，按护角宽度（不小于 5cm）将多余的水泥砂浆铲除。第二步待水泥砂浆稍干后，将八字靠

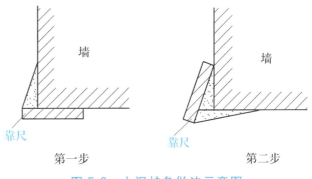

图 5-6　水泥护角做法示意图

尺移至抹好的护角面上（八字坡向外），在阳角的正面，依靠尺边抹水泥砂浆，并用铁抹子将其抹平，按护角宽度将多余的水泥砂浆铲除。抹完后去掉八字靠尺，用素水泥浆涂刷护角尖角处，并用捋角器自上而下捋一遍，使形成钝角。

（7）抹水泥窗台　先将窗台基层清理干净，松动的砖要重新补砌好。砖缝划深，用水润透，然后用 1∶2∶3 豆石混凝土铺实，厚度宜大于 2.5cm，次日刷胶黏性素水泥一遍，随后抹 1∶2.5 水泥砂浆面层，待表面达到初凝后，浇水养护 2~3d，窗台板下口抹灰要平直，没有毛刺。

（8）墙面冲筋　当灰饼砂浆达到七八成干时，即可用与抹灰层相同砂浆冲

图 5-7　抹灰冲筋

筋，如图 5-7 所示。冲筋根数应根据房间的宽度和高度确定，一般标筋宽度为 5cm。两筋间距不大于 1.5m。当墙面高度小于 3.5m 时宜做立筋，大于 3.5m 时宜做横筋。做横向冲筋时做灰饼的间距不宜大于 2m。

（9）抹底灰　一般情况下冲筋完成 2h 左右可开始抹底灰。抹底灰前应先抹一层薄灰，要求将基体抹严，抹时用力压实使砂浆挤入细小缝隙内，接着分层装档、抹与冲筋平，用木杠刮找平整，用木抹子搓毛。然后全面检查底子灰是否平整，阴阳角是否方直、整洁，管道后与阴角交接处、墙顶板交接处是否光滑平整、顺直，并用托线板检查墙面垂直与平整情况。散热器后边的墙面抹灰，应在散热器安装前进行。抹灰面接槎应平顺，地面踢脚板或墙裙，管道背后应及时清理干净，做到活完底清。

（10）修抹预留孔洞、配电箱、槽、盒　当底灰抹平后，要随即由专人把预留孔洞、配电箱、槽、盒周边 5cm 宽的石灰砂刮掉，并清除干净，用大毛刷沾水沿周边刷水湿润，然后用 1∶1∶4 水泥混合砂浆，把洞口、箱、槽、盒周边压抹平整、光滑。

（11）抹罩面灰　应在底灰六七成干时开始抹罩面灰（抹时如底灰过干应浇水湿润），罩面灰两遍成活，厚度约 2mm。操作时最好两人配合进行，一人先刮一遍薄灰，另一人随即抹平。依先上后下的顺序进行，然后赶实压光。压时要掌握火候，既不要出现水纹，也不可压活。压好后随即用毛刷蘸水将罩面灰污染处清理干净。施工时整面墙不宜甩破活，如遇有预留施工洞，以甩下整面墙待抹为宜。抹罩面灰如图 5-8 所示。

图 5-8　抹罩面灰

5. 质量标准

（1）主控项目

1）抹灰前基层表面的尘土、污垢、油渍等应清除干净，并应洒水润湿。

检验要求：抹灰前基层必须经过检查验收，并填写隐蔽验收记录。

检查方法：检查施工记录。

2）一般抹灰材料的品种和性能应符合设计要求，水泥凝结时间和安定性应合格，砂浆的配合比应符合设计要求。

检验要求：材料复验要由监理或相关单位负责见证取样，并签字认可；配制砂浆时应使用相应的量器，不得估配或采用经验配制；使用前对配制使用的量器应进行检查标识，并进行定期检查，做好记录。

检查方法：检查产品合格证书，进场验收记录，复验报告和施工记录。

3）抹灰层与基层之间的各抹灰层之间必须黏结牢固，抹灰层无脱层、空鼓，面层应无爆灰和裂缝。

检验要求：操作时严格按规范和工艺标准操作。

检查方法：观察，用小锤轻击检查，检查施工记录。

（2）一般项目

1）一般抹灰工程的表面质量应符合下列规定：

① 普通抹灰表面应光滑、洁净，接槎平整，分格缝应清晰。

② 高级抹灰表面应光滑、洁净，颜色均匀、无抹纹，分格缝和灰线应清晰美观。

检验要求：抹灰等级应符合设计要求。

检查方法：观察，手摸检查。

2）护角、孔洞、槽、盒周围的抹灰应整齐、光滑，管道后面抹灰表面平整。

检验要求：组织专人负责孔洞、槽、盒周围和管道背后抹灰工作、抹完后应由质检部门检验，并填写工程验收记录。

检查方法：观察。

3）抹灰总厚度应符合设计要求，水泥砂浆不得抹在石灰砂浆上，罩面石膏灰不得抹在水泥砂浆层上。

检验要求：施工时要严格按施工工艺要求操作。

检查方法：检查施工记录。

4）一般抹灰工程质量的允许偏差和检验方法应符合表 5-1 的规定。

表 5-1　一般抹灰的允许偏差和检验方法

项次	项目	允许偏差/mm		检验方法
		普通	高级	
1	立面垂直度	3	2	用 2m 垂直检测尺检查
2	表面平整度	3	2	用 2m 靠尺和塞尺检查
3	阴阳角方正	3	2	用直角检测尺检测

（续）

项次	项目	允许偏差/mm		检验方法
		普通	高级	
4	分隔条（缝）直线度	3	2	拉5m线，不足5m拉通线，用钢直尺检查
5	墙裙、勒脚上口直线	3	2	拉5m线，不足5m拉通线，用钢直尺检查

5.1.3 贴面类饰面工程施工

1. 室内贴面砖施工

（1）施工准备

1）技术准备。编制室内贴面砖工程施工方案，并对工人进行书面技术及安全交底。

2）材料准备：

① 水泥：32.5级或42.5级矿碴水泥或普通硅酸盐水泥。应有出厂证明或复验合格试单，若出厂日期超过三个月而且水泥已结有小块则不得使用；白水泥应为32.5级以上的，并符合设计和规范质量标准的要求。

② 砂子：中砂，粒径为0.35~0.5mm，黄色河砂，含泥量不大于3%，颗粒坚硬、干净，无有机杂质，用前过筛，其他应符合规范的质量标准。

③ 面砖：面砖的表面应光洁、方正、平整、质地坚固，其品种、规格、尺寸、色泽、图案应均匀一致，必须符合设计规定，不得有缺楞、掉角、暗痕和裂纹等缺陷，其性能指标均应符合现行国家标准的规定，釉面砖的吸水率不得大于10%。

④ 石灰膏：用块状生石灰淋制，必须用孔径为3mm×3mm的筛网过滤，并储存在沉淀池中；熟化时间，常温下不少于15d，用于罩面灰，不少于30d；石灰膏内不得有未熟化的颗粒和其他物质。

⑤ 生石灰粉：磨细生石灰粉，其细度应通过4900孔/cm^{2}的筛子，用前应用水浸泡，其时间不少于3d。

⑥ 粉煤灰：细度过0.08mm筛，筛余量不大于5%。

⑦ 界面剂胶和矿物颜料：按设计要求配合比，其质量应符合规范标准。

3）使用到的机具：砂浆搅拌机、瓷砖切割机、手电钻、冲击电钻、铁板、阴阳角抹子、铁皮抹子、木抹子、托灰板、木刮尺、方尺、铁制水平尺、小铁锤、木锤、錾子、垫板、小白线、开刀、墨斗、小线坠、小灰铲、盒尺、钉子、红铅笔、工具袋等。

4）作业条件。

① 墙顶抹灰完毕，做好墙面防水层、保护层和地面防水层、混凝土垫层。

② 搭设双排架子或钉高马凳，横竖杆及马凳端头应离开墙面和门窗角150～200mm。架子的步高和马凳高、长度要符合施工要求和安全操作规程。

③ 安装好门窗框扇，隐蔽部位的防腐、填嵌应处理好，并用1∶3水泥砂浆将门窗框、洞口缝隙塞严实，铝合金、塑料门窗、不锈钢门等框边缝所用嵌塞材料及密封材料应符合设计要求，且应塞堵密实，并事先粘贴好保护膜。

④ 脸盆架、镜卡、管卡、水箱、煤气等应埋设好防腐木砖、位置正确。

⑤ 按面砖的尺寸、颜色进行选砖，并分类存放备用。

⑥ 统一弹出墙面上+50cm水平线，大面积施工前应先放大样，并做出样板墙，确定施工工艺及操作要点，并向施工人员做交底工作。样板墙完成后必须经质检部门鉴定合格后，还要经过设计、甲方和施工单位共同认定验收，方可组织班组按照样板墙壁要求施工。

⑦ 安装系统管、线、盒等安装完并验收。

⑧ 室内温度应在5℃以上。

（2）工艺流程　基层处理→吊垂直、套方、找规矩→贴灰饼→抹底层砂浆→弹线分格→排砖→浸砖→镶贴面砖→面砖勾缝与擦缝。

（3）施工要点

1）基体为混凝土墙面时的操作方法：

① 基层处理：将凸出墙面的混凝土剔平，对于基体混凝土表面很光滑的要凿毛，或用可掺界面剂胶的水泥细砂浆做小拉毛墙，也可刷界面剂，最后浇水湿润基层。

② 10mm厚1∶3水泥砂浆打底，应分层分遍抹砂浆，随抹随刮平抹实，用木抹搓毛。

③ 待底层灰六七成干时，按图纸要求和釉面砖规格，结合实际条件进行排砖、弹线。

④ 排砖。根据大样图及墙面尺寸进行横竖向排砖，以保证面砖缝隙均匀，符合设计图纸要求。注意大墙面、柱子和垛子要排整砖，在同一墙面上的横竖排列，均不得有小于1/4砖的非整砖。非整砖行应排在次要部位，如窗间墙或阴角

处等，但也要注意一致和对称。如遇有突出的卡件，应用整砖套割吻合，不得用非整砖随意拼凑镶贴。

⑤ 用废釉面砖贴标准点，用做灰饼的混合砂浆贴在墙面上，用以控制贴釉面砖的表面平整度。

⑥ 垫底尺、计算准确最下一皮砖下口标高，底尺上皮一般比地面低 1cm 左右，以此为依据放好底尺，要水平、安稳。

⑦ 选砖、浸泡。面砖镶贴前，应挑选颜色、规格一致的砖。浸泡砖时，将面砖清扫干净，放入净水中浸泡 2h 以上，取出待表面晾干或擦干净后方可使用。

⑧ 粘贴面砖。粘贴应自下而上进行，抹 8mm 厚 1∶0.1∶2.5 水泥石灰膏砂浆结合层，要刮平，随抹随自上而下粘贴面砖，要求砂浆饱满，亏灰时，取下重贴，并随时用靠尺检查平整度，同时保证缝隙宽度一致。墙面贴面砖施工如图 5-9、图 5-10 所示。

图 5-9　墙面贴面砖施工（一）

图 5-10　墙面贴面砖施工（二）

⑨ 贴完经自检无空鼓、不平、不直后，用棉丝擦干净，用钩缝胶、白水泥浆或拍干白水泥擦缝，用布将缝的素浆擦匀，砖面擦净。

贴墙面砖

另外一种做法是，用 1∶1 水泥砂浆加水重的界面剂胶或专用瓷砖胶在砖背面抹 3~4mm 厚，然后直接粘贴。但此种做法其基层灰必须抹得平整，而且砂子必须用窗纱筛后使用。

另外也可用胶粉来粘贴面砖，其厚度为 2~3mm，此种做法其基层灰必须更平整。

2）基体为砖墙面时的操作方法：

① 基层处理：抹灰前，墙面必须清扫干净，浇水湿润。

② 用 12mm 厚 1∶3 水泥砂浆打底，打底要分层涂抹，每层厚度宜 5~7mm，随即抹平搓毛。

③ 余下做法同基体为混凝土墙面时的作法。

（4）室内贴面砖质量控制标准

1）主控项目。

① 饰面砖的品种、规格、颜色、图案和性能，必须符合设计要求。

② 饰面砖粘贴功能的找平、防水、黏结和勾缝材料以及施工方法应符合设计要求、国家现行产品标准、工程技术标准以及国家环保污染控制要求。

③ 饰面砖镶贴必须牢固。

④ 满贴法施工的饰面砖工程应无空鼓、裂缝。

2）一般项目。

① 饰面砖表面应该平整、洁净、色泽一致、无裂缝和缺陷。

② 阴阳角处搭接方式、非整砖使用部位应符合设计要求。

③ 墙面突出物周围的饰面砖应整砖套割吻合，边缘整齐。墙裙、贴脸突出墙面度一致。

④ 饰面砖接缝应平直光滑，填嵌应该连续密实；宽度和深度符合设计要求。

⑤ 饰面砖粘贴的偏差项目和检查方法见表 5-2。

表 5-2　饰面砖粘贴偏差项目和检查方法

角度	内墙面砖允许偏差/mm	检查方法
立面垂直度	2	用 2m 垂直检测尺检查
表面平整度	3	用 2m 靠尺和塞尺检查
阴阳角方正	3	用直尺检测尺检查
接缝直线度	2	拉 5m 线，不足 5m 拉通线用钢尺检查
接缝高低度	1	用钢直尺和塞尺检查
接缝宽度	1	用钢直尺检查

2. 墙面贴陶瓷锦砖施工

（1）工艺流程　基层处理→吊垂直、套方、找规矩、贴灰饼→抹底子灰→弹控制线→贴陶瓷锦砖→揭纸、调缝→擦缝。

（2）施工要点

1）基层为混凝土墙面时的操作方法：

① 基层处理。首先将凸出墙面的混凝土剔平，对大钢模施工的混凝土墙面

应凿毛，并用钢丝刷满刷一遍，再浇水湿润，并用水泥：砂：界面剂＝1：0.5：0.5的水泥砂浆对混凝土墙面进行拉毛处理。

②吊垂直、套方、找规矩、贴灰饼。根据墙面结构平整度找出贴陶瓷锦砖的规矩，如果是高层建筑物在外墙全部贴陶瓷锦砖，应在四周大角和门窗口边用经纬仪打垂直线找直；如果是多层建筑，可从顶层开始用特制的大线坠绷低碳钢丝吊垂直。然后根据陶瓷锦砖的规格、尺寸分层设点、做灰饼。横线则以楼层为水平基线交圈控制，竖向线则以四周大角和层间贯通柱、垛子为基线控制。每层打底时则以此灰饼为基准点进行冲筋，使其底层灰做到横平竖直、方正。同时要注意找好突出檐口、腰线、窗台、雨篷等饰面的流水坡度和滴水线，坡度应小于3%，滴水线的深度和宽度均不小于10mm，并整齐一致，而且必须是整砖。

③抹底子灰。底子灰一般分两次操作，抹头遍水泥砂浆，其配合比为1：2.5或1：3，并掺20%水泥重的界面剂胶，薄薄地抹一层，用抹子压实。第二次用相同配合比的砂浆按冲筋抹平，用短杠刮平，低凹处事先填平补齐，最后用木抹子搓出麻面。底子灰抹完后，隔天浇水养护。找平层厚度不应大于20mm，若超过此值必须采取加强措施。

④弹控制线。贴陶瓷锦砖前应放出施工大样，根据具体高度弹出若干条水平控制线。在弹水平线时，应计算将陶瓷锦砖的块数，使两线之间保持整砖数。如分格需按总高度均分，可根据设计与陶瓷锦砖的品种、规格定出缝子宽度，再加工分格条。但要注意同一墙面不得有一排以上的非整砖，并应将其镶贴在较隐蔽的部位。

⑤贴陶瓷锦砖：镶贴应自上而下进行。高层建筑采取措施后，可分段进行。在每一分段或分块内的陶瓷锦砖，均为自下向上镶贴。贴陶瓷锦砖时，底灰要浇水润湿，并在弹好水平线的下口上支上一根垫尺。一般三人为一组进行操作，一人浇水润湿墙面，先刷上一道素水泥浆，再抹2~3mm厚的混合灰粘结层，其配合比为纸筋：石灰膏：水泥＝1：1：2，亦可采用1：0.3水泥纸筋灰，用靠尺板刮平，再用抹子抹平；另一人将陶瓷锦砖铺在木托板上，缝子里灌上1：1水泥细砂子灰，用软毛刷子刷净麻面，再抹上薄薄一层灰浆，然后一块一块递给第三人；第三人将四边灰刮掉，两手执住陶瓷锦砖上面，在已支好的垫尺上由下往上贴，缝子对齐，要注意按弹好的横竖线贴。当分格贴完一组，将米厘条放在上口线继续贴第二组。镶贴的高度应根据当时气温条件而定。

⑥揭纸、调缝。贴完陶瓷锦砖的墙面，要一手拿拍板，靠在贴好的墙面上，

一手拿锤子对拍板满敲一遍，然后将陶瓷锦砖上的纸用刷子刷上水，约等 20～30min 便可开始揭纸。揭开纸后检查缝子大小是否均匀，如出现歪斜、不正的缝子，应顺序拨正贴实，先横后竖、拨正拨直为止。

⑦ 擦缝。粘贴后 48h，先用抹子把近似陶瓷锦砖颜色的擦缝水泥浆摊放在需擦缝的陶瓷锦砖上，然后用刮板将水泥浆往缝子里刮满、刮实、刮严。再用麻丝和擦布将表面擦净。遗留在缝子里的浮砂可用潮湿干净的软毛刷轻轻带出，如需清洗饰面，应待勾缝材料硬化后进行。起出米厘条的缝子要用 1：1 水泥砂浆勾严勾平，再用擦布擦净。外墙应选用抗渗性能勾缝材料。

2）基层为砖墙墙面时：

① 基层处理。抹灰前，墙面必须清理干净，检查窗台窗套和腰线等处，对损坏和松动的部分要处理好，然后浇水润湿墙面。

② 吊垂直、套方、找规矩：同基层为混凝土墙面做法。

③ 抹底子灰。底子灰一般分二次操作：第一次抹薄薄的一层，用抹子压实，水泥砂浆的配合比为 1：3，并掺水泥重 20%的界面剂胶；第二次用相同配合比的砂浆按冲筋线抹平，用短杠刮平，低凹处事先填平补齐，最后用木抹子搓成麻面。底子灰抹完后，隔天浇水养护。

④ 面层做法同基层为混凝土墙面的做法。

3）基层为加气混凝土墙面时，可酌情选用下述两种方法中的一种：

① 是用水湿润加气混凝土表面，修补缺棱掉角处。修补前，先刷一道聚合物水泥浆，然后用水泥：石灰膏：砂子 = 1：3：9 混合砂浆分层补平，隔天刷聚合物水泥浆，并抹 1：1：6 混合砂浆打底，木抹子搓平，隔天浇水养护。

② 用水湿润加气混凝土表面，在缺棱掉角处刷聚合物水泥浆一道，用 1：3：9 混合砂浆分层补平，待干燥后，钉金属网一层并绷紧。在金属网上分层抹 1：1：6 混合砂浆打底，砂浆与金属网应结合牢固，最后用木抹子轻轻搓平，隔天浇水养护。

③ 其他做法同混凝土墙面。

4）夏期镶贴室外墙面陶瓷锦砖时，应有防止暴晒的可靠措施。

5）冬期施工：一般只在冬施初期施工，严寒阶段不得镶贴室外墙面陶瓷锦砖。

① 砂浆的使用温度不得低于 5℃，砂浆硬化前，应采取防冻措施。

② 用冻结法砌筑的墙，应待解冻后方可施工。

③ 镶贴砂浆硬化初期不得受冻。气温低于 5℃时，室外镶贴砂浆内可掺入能

降低冻结温度的外加剂，其掺量应由试验确定。

④ 为防止灰层早期受冻，并保证操作质量，严禁使用石灰膏和界面剂胶，可采用同体积粉煤灰代替或改用水泥砂浆抹灰。

⑤ 冬期室内镶贴陶瓷锦砖，可采用热空气或带烟囱的火炉加速干燥。采用热空气时，应设通风设备排除湿气，并设专人进行测温控制和管理。

墙面贴陶瓷锦砖效果如图 5-11 所示。

图 5-11　陶瓷锦砖墙面

（3）质量标准

1）主控项目。

① 陶瓷锦砖的品种、规格、颜色、图案必须符合设计要求和现行标准的规定。

② 陶瓷锦砖镶贴必须牢固，无歪斜、缺楞、掉角和裂缝等缺陷。

③ 找平、防水、黏结和勾缝材料及施工方法，应符合设计要求及国家现行产品质量标准。如用于室内，应符合室内环境质量验收标准。

2）一般项目。

① 表面：平整、洁净，颜色协调一致。

② 接缝：填嵌密实、平直，宽窄一致，颜色一致，阴阳角处的砖压向正确，非整砖的使用部位适宜。

③ 套割：用整砖套割吻合，边缘整齐；墙裙、贴脸等突出墙面的厚度一致。

④ 坡向、滴水线：流水坡向正确；滴水线顺直。

⑤ 允许偏差项目：见表5-3。

表5-3 陶瓷锦砖允许偏差

项次	项目		允许偏差/mm	检验方法
1	立面垂直	室内	2	用2m靠尺和塞尺检查
		室外	3	
2	表面平整		2	用2m靠尺和塞尺检查
3	阴阳角方正		2	用20cm方尺和塞尺检查
4	接缝平直		2	拉5m线和尺量检查
5	墙裙上口平直		2	拉5m线和尺量检查
6	接缝高低	室内	0.5	用钢板短尺和塞尺检查
		室外	1	

3. 大理石、磨光花岗岩饰面施工

（1）工艺流程

1）薄型小规格块材（边长小于40cm）工艺流程：基层处理→吊垂直、套方、找规矩、贴灰饼→抹底层砂浆→弹线→分格→石材刷防护剂→排块材→镶贴块材→表面勾缝与擦缝。

2）普通型大规格块材（边长大于40cm）工艺流程：施工准备（钻孔、剔槽）→穿铜丝或镀锌钢丝与块材固定→绑扎→固定钢丝网→吊垂直、找规矩、弹

线→石材刷防护剂→安装石材→分层灌浆→擦缝。

（2）施工要点

1）薄型小规格块材（一般厚度 10mm 以下）：边长小于 40cm，可采用粘贴方法。

① 进行基层处理和吊垂直、套方、找规矩，具体可参见镶贴面砖施工要点有关部分。要注意同一墙面不得有一排以上的非整材，并应将其镶贴在较隐蔽的部位。

② 在基层湿润的情况下，先刷胶界面剂素水泥浆一道，随刷随打底。底灰采用 1 : 3 水泥砂浆，厚度约 12mm，分两遍操作，第一遍约 5mm，第二遍约 7mm，待底灰压实刮平后，将底子灰表面划毛。

③ 石材表面处理。石材表面充分干燥（含水率应小于 8%）后，用石材防护剂进行石材六面体防护处理，此工序必须在无污染的环境中进行。将石材平放于木枋上，用羊毛刷蘸上防护剂，均匀涂刷于石材表面，涂刷必须到位，第一遍涂刷完间隔 24h 后用同样的方法涂刷第二遍石材防护剂。如采用水泥或胶黏剂固定，间隔 48h 后对石材粘接面用专用胶泥进行拉毛处理，拉毛胶泥凝固硬化后方可使用。

④ 待底子灰凝固后便可进行分块弹线，随即将已湿润的块材抹上厚度为 2~3mm 的素水泥浆，内掺水重 20% 的界面剂进行镶贴，用木锤轻敲，用靠尺找平找直。

2）大规格块材：边长大于 40cm、镶贴高度超过 1m 时，可采用如下安装方法。

① 钻孔、剔槽。安装前先将饰面板按照设计要求用台钻打眼，事先应钉木架使钻头直对板材上端面，在每块板的上、下两个面打眼，孔位打在距板宽的两端 1/4 处，每个面各打两个眼，孔径为 5mm，深度为 12mm，孔位距石板背面以 8mm 为宜。当大理石、磨光花岗岩的板材宽度较大时，可以增加孔数。钻孔后用云石机轻轻剔一道槽，深 5mm 左右，连同孔眼形成象鼻眼，以备埋卧铜丝之用。

当饰面板规格较大，下端不好拴绑镀锌钢丝或铜丝时，亦可在镶贴饰面的一侧，采用手提轻便小薄砂轮，按规定在板高的 1/4 处上、下各开一槽（槽宽约 3~4cm，槽深约 12mm，将饰面板背面打通，竖槽一般居中，亦可偏外，但以不损坏外饰面和不反碱为宜），可将镀锌铅丝或铜丝卧入槽内，便可拴绑与钢筋网固定。此法亦可直接在镶贴现场做。

② 穿铜丝或镀锌钢丝。把备好的铜丝或镀锌钢丝剪成长20cm左右，一端用木楔粘环氧树脂，然后将铜丝或镀锌钢丝塞进孔内固定牢固；另一端将铜丝或镀锌钢丝顺孔槽弯曲并卧入槽内，使大理石或磨光花岗石板上、下端面没有铜丝或镀锌钢丝突出，以便和相邻石板接缝严密。

③ 绑扎钢筋。首先剔出墙上的预埋筋，把墙面镶贴大理石的部位清扫干净。先绑扎一道直径为6mm的竖向钢筋，并把绑好的竖筋用预埋筋弯压于墙面。横向钢筋为绑扎大理石或磨光花岗石板材所用，当板材高度为60cm时，第一道横筋在地面以上10cm处与主筋绑牢，用作绑扎第一层板材的下口固定铜丝或镀锌钢丝。第二道横筋绑在50cm水平线上7~8cm，比石板上口低2~3cm处，用于绑扎第一层石板上上口固定铜丝或镀锌钢丝，再往上每60cm绑一道横筋即可。

④ 弹线。首先将要贴大理石或磨光花岗石的墙面、柱面和门窗套用大线坠从上至下找出垂直。应考虑大理石或磨光花岗石板材厚度、灌注砂浆的空隙和钢筋网所占尺寸，一般大理石、磨光花岗石外皮距结构面的厚度应以5~7cm为宜。找出垂直后，在地面上顺墙弹出大理石或磨光花岗石等外廓尺寸线，此线即为第一层大理石或花岗岩等的安装基准线。编好号的大理石或花岗岩板等在弹好的基准线上画出就位线，每块留1mm缝隙（如设计要求拉开缝，则按设计规定留出缝隙）。

⑤ 石材表面处理。石材表面充分干燥（含水率应小于8%）后，用石材防护剂进行石材六面体防护处理，此工序必须在无污染的环境下进行。将石材平放于木方上，用羊毛刷蘸上防护剂，均匀涂刷于石材表面，涂刷必须到位，第一遍涂刷完间隔24h后用同样的方法涂刷第二遍石材防护剂。如采用水泥或胶黏剂固定，间隔48h后对石材粘接面用专用胶泥进行拉毛处理，拉毛胶泥凝固硬化后方可使用。

⑥ 基层准备。清理预做饰面石材的结构表面，同时进行吊直、套方、找规矩，弹出垂直线水平线，并根据设计图纸和实际需要弹出安装石材的位置线和分块线。

⑦ 安装大理石或磨光花岗石。按部位取石板并顺直铜丝或镀锌钢丝，将石板就位，石板上口外仰，右手伸入石板背面，把石板下口铜丝或镀锌钢丝绑扎在横筋上。绑时不要太紧，可留余量，只要把铜丝或镀锌钢丝和横筋拴牢即可。把石板竖起，便可绑大理石或磨光花岗石板上口铜丝或镀锌钢丝，并用木楔子垫稳，块材与基层间的缝隙一般为30~50mm。用靠尺板检查调整木楔，再拴紧铜

丝或镀锌钢丝，依次向另一方进行。柱面可按顺时针方向安装，一般先从正面开始。第一层安装完毕再用靠尺板找垂直，水平尺找平整，方尺找阴阳角方正。在安装石板时如发现石板规格不准确或石板之间的空隙不符，应用薄钢板垫牢，使石板之间缝隙均匀一致，并保持第一层石板上口的平直。找完垂直、平直、方正后，用碗调制熟石膏，把调成粥状的石膏贴在大理石或磨光花岗石板上下之间，使这两层石板结成一整体，木楔处亦可粘贴石膏，再用靠尺检查有无变形，等石膏硬化后方可灌浆。如设计有嵌缝塑料软管者，应在灌浆前塞放好。

⑧ 灌浆。把配合比为 1：2.5 水泥砂浆放入半截大桶加水调成粥状，用铁簸箕舀浆徐徐倒入，注意不要碰大理石，边灌边用橡皮锤轻轻敲击石板面使灌入砂浆排气。第一层浇灌高度为 15cm，不能超过石板高度的 1/3。第一层灌浆很重要，因要锚固石板的下口铜丝或镀锌钢丝又要固定饰面板，所以要轻

图 5-12　墙面石材灌浆

轻操作，防止碰撞和猛灌。如发生石板外移错动，应立即拆除重新安装。墙面石材灌浆如图 5-12 所示。

⑨ 擦缝。全部石板安装完毕后，清除所有石膏和余浆痕迹，用麻布擦洗干净，并按石板颜色调制色浆嵌缝，边嵌边擦干净，使缝隙密实、均匀、干净、颜色一致。

3）柱子贴面。安装柱面大理石或磨光花岗石，其弹线、钻孔、绑钢筋和安装等工序与镶贴墙面方法相同，要注意灌浆前用方木钉成槽形木卡子，双面卡住大理石板，以防止灌浆时大理石或磨光花岗石板外胀。

4）夏期安装室外大理石或磨光花岗石时，应有防止暴晒的可靠措施。

5）冬期施工。

① 灌缝砂浆应采取保温措施，砂浆的温度不宜低于 5℃。

② 灌注砂浆硬化初期不得受冻。气温低于 5℃时，室外灌注砂浆可掺入能降低冻结温度的外加剂，其掺量应由试验确定。

③ 冬期施工，镶贴饰面板宜供暖，也可采用热空气或带烟囱的火炉加速干燥。采用热空气时，应设通风设备排除湿气，并设专人进行测温控制和管理，保温养护 7~9d。

（3）质量标准

1）主控项目。

① 饰面板（大理石、磨光花岗石）的品种、规格、颜色、图案，必须符合设计要求和有关标准的规定。

② 饰面板安装必须牢固，严禁空鼓，无歪斜、缺楞掉角和裂缝等缺陷。

③ 石材的检测必须符合国家有关环保规定。

2）一般项目。

① 表面：平整、洁净，颜色协调一致。

② 接缝：填嵌密实、平直，宽窄一致，颜色一致，阴阳角处板的压向正确，非整砖的使用部位适宜。

③ 套割：用整板套割吻合，边缘整齐；墙裙、贴脸等上口平顺，突出墙面的厚度一致。

④ 坡向、滴水线：流水坡向正确；滴水线顺直。

⑤ 饰面板嵌缝应密实、平直，宽度和深度应符合设计要求，嵌缝材料色泽应一致。

⑥ 大理石、磨光花岗石允许偏差项目：见表5-4。

表5-4 大理石、磨光花岗石允许偏差

项次	项目		允许偏差/mm		检验方法
			大理石	磨光花岗石	
1	立面垂直	室内	2	2	用2m托线板和尺量检查
		室外	3	3	
2	表面平整		1	1	用2m靠尺和楔形塞尺检查
3	阳角方正		2	2	用20cm方尺和楔形塞尺检查
4	接缝平直		2	2	拉5m线，不足5m拉通线和尺量检查
5	墙裙上口平直		2	2	拉5m线，不足5m拉通线和尺量检查
6	接缝高低		0.3	0.5	用钢板短尺和楔形塞尺检查
7	接缝宽度偏差		0.5	0.5	拉5m线和尺量检查

5.1.4 罩面板类工程施工

1. 木质护墙板安装

室内墙面装饰的木质护墙板（图5-13～图5-15），或称装饰壁板，按其饰面

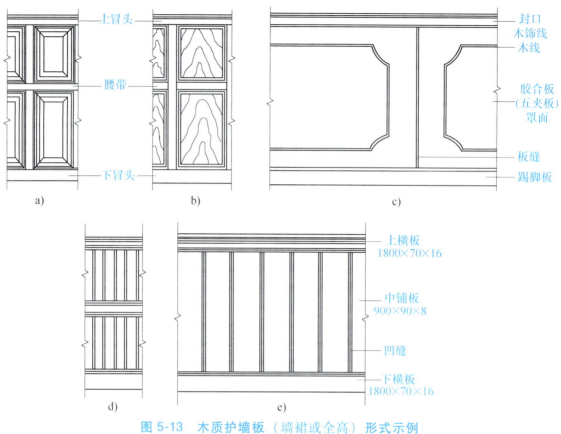

图 5-13　木质护墙板（墙裙或全高）形式示例

a）凸装板起线　b）胶合板起线（一）　c）胶合板起线（二）

d）、e）企口原木板嵌装（中铺板四边均有企口，可竖、横、斜任意铺装）

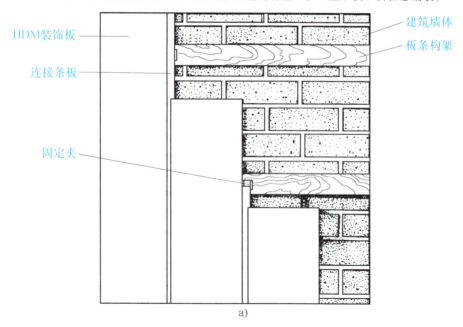

图 5-14　装饰板的安装

a）HDM 装饰板护墙安装示意

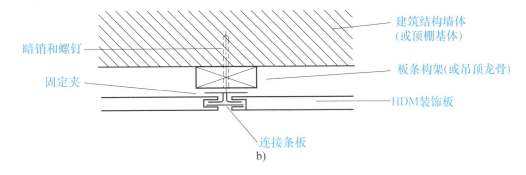

图 5-14 装饰板的安装（续）

b）安装构造节点（亦可用于顶棚）

图 5-15 木制护墙板

方式，分为全高护墙板和局部墙裙；根据罩面材料特点，又分为实木装饰板、木胶合板、木质纤维板或其他人造木板等不同品种的木质板材护墙板。木质护墙板与木质装饰顶棚、木隔墙的构造做法基本相似，大都是以木质材料作骨架，铺装木质罩面板，但护墙板的罩面及骨架由实体墙为支承，除有填充要求或有隐蔽设备管线等特殊要求，其龙骨材料无须太大的断面尺寸，在实际工程中常以厚夹板（厚胶合板）于现场锯割成条取代木方龙骨作护墙板安装骨架。

（1）施工准备及材料要求　室内护墙饰面铺装施工应在墙面隐蔽工程、抹灰工程及吊顶工程已完成或并经过验收后进行。当墙体有防水要求时，应对防水工程进行验收。

1）施工准备。在室内装饰装修工程中，木质护墙板的龙骨固定应在安装好门框和窗台板之后进行。护墙板安装施工准备工作，主要有以下注意事项：

① 对于未做饰面处理的半成品实木护墙板及其配套的细木装饰制品（装饰线脚、木雕图案镶板、横档冒头及边框或压条等），应预先涂刷一遍干性底油，

以防止受潮变形。

② 护墙板制品及其安装配件在包装、运输、堆放和搬动过程中，要轻拿轻放，不得曝晒和受潮，防止开裂变形。

③ 检查结构墙面质量，其强度、稳定性及表面的垂直度、平整度应符合安装饰面的要求。有防潮要求的墙面，应按设计要求进行防潮处理。

④ 根据设计要求，安装护墙板骨架需要预埋防腐木砖时，应事先埋入墙体；当工程需要有其他后置埋件时，也应准确到位。埋件的位置、数量应符合龙骨布置的要求。

⑤ 对于采用木楔进行安装的工程，应按设计弹出标高和竖向控制线、分格线，打孔埋入木楔，木楔的埋入深度一般应不小于50mm，并应做防腐处理。

2）材料选用。

① 木质护墙板工程所用木材要进行认真挑选，保证所用木材的树种、材质及规格等，均符合设计要求。应避免木材的以次顶优或是大材小用、长材短用和优材劣用等现象。采用配套成品或半成品时，要按质量标准验收。

② 工程中使用的人造木板和胶黏剂等材料，应检测甲醛及其他有害物质含量。

③ 各种木制材料的含水率，应符合国家标准的有关规定。

④ 所用木龙骨骨架以及人造木板的板背面，均应涂刷防火涂料。防火涂料应按具体产品的使用说明确定涂刷方法。防火涂料一般也具有防潮性能。

（2）木质护墙板施工（墙面木骨架安装）

① 基层检查及处理。应对建筑结构体及其表面质量进行认真检查和处理，基体质量应符合安装工程的要求，墙面基层应平整、垂直、阴阳角方正。

结构基体和基层表面质量，对护墙板龙骨与罩面的安装方法及安装质量有着重要关系。当不采用预埋木砖而采用木楔圆钉、水泥钢钉及射钉等方式方法固定木龙骨时，要求建筑墙体基面层必须具有足够的刚性和强度，否则应采取必要的补强措施。

对于有特殊要求的墙面，尤其是建筑外墙的内立面护墙板工程，应首先按设计规定进行防潮、防渗漏等功能性保护处理，如做防潮层或批抹防水砂浆等；内墙面底部的防潮、防水，应与楼地面工程相结合进行处理，严格按照设计要求和有关规定封闭立墙与楼地面的交接部位。同时，建筑外窗的窗台流水坡度、洞口窗框的防水密封等，对该部位护墙板工程都具有重要影响，在工程实践中，该部位由于雨水渗漏、墙体泛潮或结露而造成木质护墙板发霉变黑的现象时有发生。

对于有预埋木砖的墙体，应检查防腐木砖的埋设位置是否符合安装要求。木砖间距按龙骨布置的具体要求设置且应位置正确，以利于木龙骨的就位固定。对于未设预埋的二次装修工程，目前较普遍的做法是在墙体基面钻孔打入木楔，将木龙骨用圆钉与木楔连接固定；或者用厚胶合板条作龙骨，直接用水泥钢钉将其固定于结构墙体基面。

② 木龙骨固定。墙面有预埋防腐木砖的，即将木龙骨钉固于木砖部位，钉平、钉牢，且其立筋（竖向龙骨）保证垂直。罩面分块或整幅板的横向接缝处，应设水平方向的龙骨；饰面斜向分块时，应斜向布置龙骨。应确保罩面板的所有拼接缝隙均落在龙骨的中心线上，不得使罩面板块的端边处于空悬状态。龙骨间距应符合设计要求，一般竖向间距宜为 400mm，横向间距宜为 300mm。

当采用木楔圆钉法固定木龙骨时，可用 16~20mm 的冲击钻头在墙面钻孔。钻孔深度应不小于 40mm，钻孔位置按事先所做的龙骨布置分格弹线确定。在孔内打入防腐木楔，再将木龙骨与木楔用圆钉固定。

在龙骨安装操作中要随时吊垂线和拉水平线校正骨架的垂直度及水平度，并检查木龙骨与基层表面的靠平情况，空隙过大时应先采取适当的垫平措施（对平整度和垂直度偏差过大的建筑结构表面，应抹灰找平、找规矩），然后再将龙骨钉牢。

③ 木质板材罩面铺装。采用显示木纹图案的饰面板作罩面时，安装前应进行选配，其颜色、木纹应自然协调。有木纹拼花要求的罩面应按设计规定的图案分块试排，按编号上墙就位铺装。

为确保罩面板接缝落在龙骨上，罩面铺装前可在龙骨上弹好中心控制线，板块就位安装时其边缘应与控制线吻合，并保持接缝平整、顺直。

胶合板用圆钉固定时，钉长根据胶合板厚度选用，一般在 25~35mm，钉距宜为 80~150mm，钉帽应敲扁并冲入板面 0.5~1mm，钉眼用油性腻子抹平。采用钉枪固定时，钉枪钉的长度一般采用 15~20mm，钉距宜为 80~100mm。

硬质纤维板应预先用水浸透，自然阴干后再进行安装。纤维板用圆钉固定时，钉距宜为 80~120mm，钉长为 20~30mm，钉帽宜进入板面 0.5mm，钉眼用油性腻子抹平。

采用胶黏剂固定饰面板时，应按胶黏剂产品的使用要求进行粘贴操作。

安装封边收口条时，钉的位置应在线条的凹槽处或背视线的一侧。

在曲面墙或圆弧造型体上固定胶合板时（一般选用材质优良的三夹板），应先试铺。当胶合板弯曲有困难或设计要求采用较厚的板块（如五夹板）时，可在胶合板背面用刀划割竖向的卸力槽，卸力槽等距离划割，槽深1mm。在木龙骨表面涂胶，将胶合板横向（整幅板的长边方向）围住龙骨骨架进行包覆粘贴，而后用圆钉或钉枪从一侧开始向另一侧顺序铺钉。圆柱体罩面铺装时，圆曲面的包覆应准确交圈。

采用木质企口装饰板罩面时，可根据产品配套材料及其应用技术要求进行安装，使用其异形板卡或带槽口的压条（上下横板、压顶条、冒头板条）等对板块进行嵌装固定。对于硬木压条或横向设置的腰带，应先钻透眼，然后再用钉固定。

2. 石膏板护墙贴面

采用纸面石膏板或其他品种石膏板材作室内护墙板时，可采用胶结材料将板材直接贴覆于内墙基体表面，或用石膏板条作护墙板骨架固定后再贴覆石膏板，也可采用木龙骨、墙体轻钢龙骨或锚固卡系统进行安装施工。

（1）黏结式石膏板护墙装饰贴面　在建筑结构墙面固定纸面石膏板的做法，或称之为石膏板贴面墙，是"QST—建筑体系"即我国龙牌轻钢龙骨纸面石膏板系统施工技术的重要组成部分。其直接粘贴式护墙罩面，系以黏结石膏将纸面石膏板粘贴于墙体表面而无须龙骨骨架的简易做法。

1）平整基层的直接贴面。

① 在平整的墙面上按纸面石膏板的宽度尺寸弹线。为使石膏板的板面上下对正，还需在顶、地面划出贴面板的定位线。

② 将黏结石膏粉调制的黏结糊团摊涂到墙面基层上，糊团直径约为50mm，厚度不小于10mm；糊团间距在水平和垂直方向均不大于450mm，即1200mm的石膏板幅宽尺寸内摊设4排黏结糊团，如图5-16所示。

③ 板材就位，上部与顶面、下端与地面分别留出13mm间隙，以利于适当通风。

④ 摆正石膏板，用直尺平压轻敲震实。由于黏结石膏自调制至凝固时间为100~160min，故在施工中应注意控制时间（黏结石膏在常温下自调制至使用完毕的时间应为40~70min），应逐块分别摊布糊团和铺贴操作。

2）不平整基层的垫块贴面。

① 拉线或用直尺找出建筑墙体基层表面的凹凸处，明确其平整度偏差。

② 确定石膏板粘贴位置，根据板材幅面宽度尺寸弹线。

③ 用黏结石膏糊团粘贴布置找平垫块，找平垫块可用石膏板或其他硬质板切割成 75mm×50mm 左右，与墙体上、下各布置一排，按墙面高度在中部也需布置 1~2 排；垫块之间水平间距不大于 600mm，垂直方向间距不大于 1400mm，如图 5-17 所示。

④ 通过垫块找平后，再继续按直接贴面的做法摊铺黏结石膏糊团，进而粘铺石膏板。

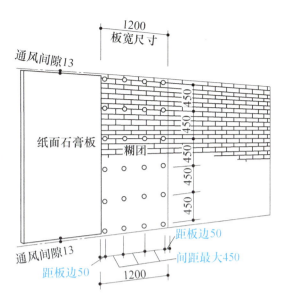

图 5-16　在平整墙面上直接贴板时黏结糊团的布置

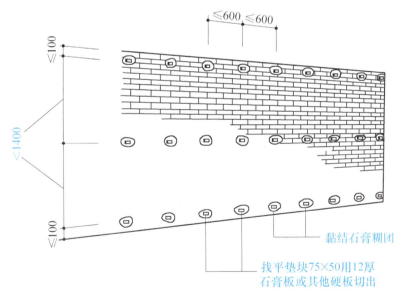

图 5-17　找平垫块的设置

3）不平整基层的垫条贴面。

① 切割纸面石膏板，裁出 100mm 宽的板条。

② 将石膏板条粘贴于墙面上、下水平边缘，然后根据石膏板宽度粘贴垂直方向的石膏板条，将横竖板条在粘贴过程中一并整体找平找正。注意水平方向的板条与顶、底之间以及竖向板条端头均留出一定间隙；对于需要保温的外墙内表

面，粘贴板条时应将板条叠加至足以容纳岩棉等保温层的厚度。

③ 将黏结石膏涂抹在板条上，随即将石膏板就位贴平粘牢，板的接缝必须落在石膏板条上。

（2）骨架式石膏板护墙装饰贴面

1）直接固定龙骨做法。

① 采用墙体轻钢龙骨型材的竖龙骨，在建筑墙面进行垂直布置，间距不大于 600mm，且应保证纸面石膏板的接缝必须落在龙骨上。用水泥钢钉或射钉将竖龙骨与墙体固定，钉距不大于 600mm。

② 切割小段龙骨安装于墙面上、下沿位置，作石膏板上下两端固定之用。小段龙骨的端头与竖龙骨之间，宜留有 25mm 的通风间隙，如图 5-18 所示。

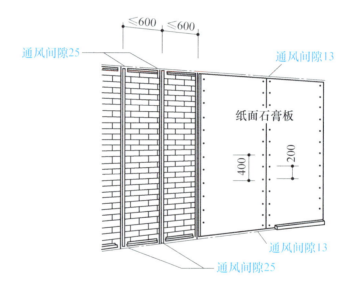

图 5-18　墙体龙骨铺板示意

（参照龙牌轻钢龙骨纸面石膏板应用技术）

③ 用自攻螺钉将纸面石膏板固定到龙骨上，石膏板边部的钉距为 200mm，板中部的钉距可为 400mm；自攻螺钉的位置与石膏板边缘的距离为 10~16mm。

④ 纸面石膏板可以竖向铺装，也可以横向铺装；贴面整体的上下部位各留 13mm 的通风间隙。

2）锚固卡安装龙骨做法。根据西斯尔（CSR）"干墙"装饰石膏板技术，其墙体槽形龙骨的安装无须直接钉固于建筑墙体，而是嵌卡于配件锚固卡上，使贴面墙施工较为简便。

① 在墙面按 1200mm 的间距固定西斯尔槽形龙骨锚固卡，锚固卡的固定位

置即为龙骨的卡装位置及龙骨排布的方向。墙面上、下各设一排水平方向的锚固卡，分别距顶、底不大于 10mm。竖直方向的锚固卡与相邻竖直方向锚固卡的间距，应不大于 600mm，如图 5-19 所示。

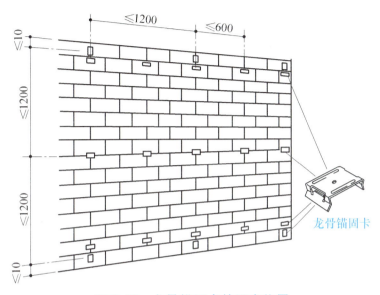

龙骨锚固卡

图 5-19　龙骨锚固卡的固定位置

②将槽形轻钢龙骨卡装于墙面上、下两端水平方向的龙骨锚固卡上，大面的龙骨均竖直安装，如图 5-20 所示。

③CSR 石膏板垂直就位，用自攻螺钉进行固定。自攻螺钉的钉距：板面垂

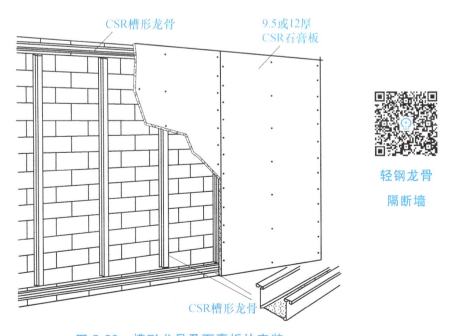

CSR槽形龙骨

9.5或12厚
CSR石膏板

CSR槽形龙骨

轻钢龙骨
隔断墙

图 5-20　槽形龙骨及石膏板的安装

直方向的钉距为 400mm，接缝部位的钉距为 200mm。如果护墙板表面需要镶贴瓷砖等较重型饰面，石膏板内的自攻螺钉钉距应为 200mm，阴角、阳角和对接缝处的钉距宜为 100mm。

3. 微晶玻璃装饰板安装

微晶玻璃又称玻璃陶瓷，是指由晶相和剩余玻璃相组成的质地致密、无孔、均匀的混合体。不同成分的材料经高温熔制并进行晶化处理，可生产光敏微晶玻璃、镁铝硅系微晶玻璃、岩石微晶玻璃、超低膨胀微晶玻璃、云母微晶玻璃以及采用热压加工的镍或碳化硅纤维复合微晶玻璃等产品。

（1）板材的安装

1）安装于建筑外墙。

① 安装于混凝土结构体墙面：采用不锈钢 L 形 50mm×40mm×4mm 连接件与建筑墙体用金属膨胀螺栓锚固；板材上下端边打孔穿入不锈钢销，其连接舌板与 L 形连接件进行连接并设 M8 调节螺栓定位紧固。为保证微晶玻璃板的使用安全，板材背面贴敷玻璃纤维网格布增强。板材安装后的饰面板缝表面，注入建筑密封膏。

微晶玻璃板的干挂安装构造与天然石板饰面的不锈钢销做法基本相同，如图 5-21 所示。

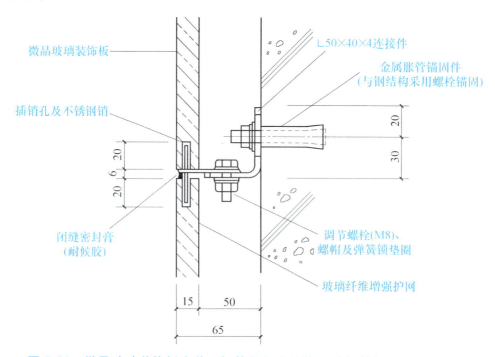

图 5-21　微晶玻璃装饰板安装于钢筋混凝土结构（或钢结构）的饰面构造

② 安装于钢结构。微晶玻璃装饰板镶装于钢结构建筑外表面的做法，与安装于混凝土结构体墙面的方法基本相同，其不同之点是 L 形不锈钢连接件与主体结构（由角钢、槽钢、工字钢等型钢组成的构架）的连接紧固处需要采用螺栓。

③ 安装于预制混凝土结构。微晶玻璃装饰板安装于预制混凝土墙板时，按饰面板的布置尺寸准确卧入直径为 3mm 不锈钢插销并留出端头，墙面施工时分别插入上、下微晶玻璃板的孔眼，饰面板缝内嵌入聚乙烯泡沫塑料圆棒条，缝口注入建筑密封膏严密封闭，如图 5-22 所示。

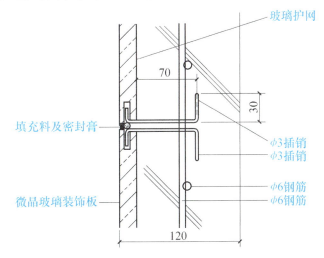

图 5-22　微晶玻璃装饰板安装于预制混凝土结构的饰面构造

2）安装于内墙及地面。微晶玻璃装饰板安装于建筑内墙或楼地面结构时，其构造做法如图 5-23 所示。

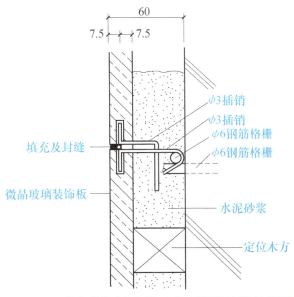

图 5-23　微晶玻璃装饰板安装于内墙及楼地面的饰面构造

在内墙结构面或楼地面结构表面铺抹（1：3）~（1：2）干硬性水泥砂浆找平层（结合层），分层铺抹后的总厚度为45mm；卧入直径为6mm的钢筋，与主体结构的预留钢筋头焊接；设置直径为3mm的不锈钢插销，一端与预埋钢筋勾挂，另一端分别插入两块板的插孔，固定微晶玻璃板。为使抹灰层厚度及板块到位正确，可在抹灰前设置定位木方。嵌缝做法与室外安装于预制混凝土结构的饰面缝口密封方法相同。

3）圆柱体饰面安装。

① 安装于钢筋混凝土圆柱结构。采用微晶玻璃板的弧形板安装于钢筋混凝土圆柱结构进行饰面时，其构造做法如图5-24a所示。

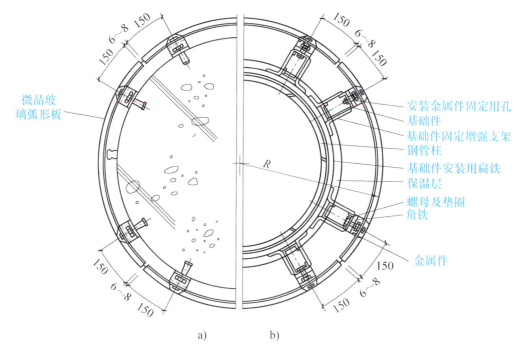

a)　　　　b)

图5-24　微晶玻璃装饰板安装于结构柱体饰面构造示意

a）安装于钢筋混凝土结构　b）安装于钢结构

玻璃隔断墙

采用金属膨胀螺栓在基体上固定角钢件，角钢件连接与板材配套的金属连接件。沿板材的弧长，连接件与板材垂直边端的距离为150mm，板接缝宽度为6~8mm，安装后按设计要求进行填充及注胶封闭饰面缝隙。

② 安装于型钢骨架圆柱结构。装饰性型钢骨架圆柱结构可以是大型钢管，也可以是角钢等型钢竖立的柱体骨架。沿竖向按弧形板高度分层固定扁铁，扁铁在水平方向交圈；再按微晶玻璃板的弧长设置用于板材安装的竖向杆件或基础件

（薄壁槽钢或配套 C 形加工件），并在其两侧分别以 L 形金属支架增强；用螺栓角形件加以金属配件固定面层微晶玻璃板，内腔根据使用要求可加设保温层。钢结构柱体的微晶玻璃装饰板的饰面构造做法，如图 5-24b 所示。

5.1.5　涂料类饰面工程施工

建筑涂料的产品种类繁多，其分类方法亦有多种。按涂装施工的部位或使用功能的不同，可分为内墙涂料、外墙涂料、顶棚涂料、地面涂料以及专用或有特殊用途的涂料（例如防火涂料、防水涂料、防锈涂料、防霉涂料、防静电涂料、防虫涂料、发光涂料、耐高温涂料、道路标线涂料、彩色玻璃涂料及仿古建筑涂料）等。按涂料的分散介质，可分为溶剂型涂料、水性涂料及无溶剂型涂料（以热固性树脂为成膜物质）。按涂料成膜物质的不同，可分为有机涂料、无机涂料及有机无机复合涂料。按涂料施工后形成的涂膜厚度与表面装饰质感，可分为薄质涂料、厚质涂料和彩色砂壁状涂料等。

虽然各种涂料的组成成分不同，但它们均是由成膜物质、颜料（着色颜料、体质性填充颜料、防锈颜料）、分散介质（稀释剂、溶剂）以及辅助材料（增塑剂、固化剂、催干剂和稳定剂等）所组成。

1. 金属面混色油漆涂料施工

（1）适用范围　适用于工业与民用建筑中金属面施涂的中、高级混色油漆涂料。

（2）工艺流程　基层处理→涂防锈漆→刮腻子→刷第一遍油漆（刷铅油→抹腻子→磨砂纸→装玻璃）→刷第二遍油漆（刷铅油→抹腻子→磨砂纸）→刷最后一遍混色油漆。

以上是高级油漆工程，如是中级油漆工程，除少刷一道油外，不满刮腻子。当采用高级磨退工艺时，可参照木饰面磁漆磨退涂饰工序，磨砂纸工序应待上一道工序干后进行。

（3）施工要点

1）基层处理。金属表面的处理，除油脂、污垢、锈蚀外，最重要的是表面氧化皮的清除，常用的办法有三种，即机械和手工清除、火焰清除、喷砂清除。根据不同基层要彻底除锈、满刷（或喷）防锈漆 1~2 道。

2）修补防锈漆。对安装过程的焊点，防锈漆磨损处，进行清除焊渣，有锈时除锈，补 1~2 道防锈漆。

3）修补腻子。将金属表面的砂眼、凹坑、缺棱、拼缝等处找补腻子，做到基本平整。

4）刮腻子。用开刀或胶皮刮板满刮一遍石膏或原子灰，要刮得薄，收的干净，均匀平整，无飞刺。刮腻子优先选用颗粒细度较高和质地较硬的腻子，也可以在腻子里添加一定的白乳胶，这样不但可以提高腻子的硬度，而且更加环保。

5）磨砂纸。用 1 号砂纸轻轻打磨，将多余腻子打掉，并清理干净灰尘。注意保护棱角，达到表面平整光滑，线角平直，整齐一致。打磨时可优先采用更为环保的方法，尽量用较细的砂纸。一般质地较松软的腻子用 400~500 号的砂纸，质地较硬的宜用 360~400 号。如果砂纸太粗会留下很深的砂痕，刷漆是覆盖不掉的。打磨完毕一定要彻底清扫墙面，以免粉尘太多，影响漆的附着力。

6）刷第一道油漆。要厚薄均匀，线角处要薄一些但要盖底，不出现流淌，不显刷痕。

7）刷第二遍油漆。方法同刷第一道油漆，但要增加油的总厚度。

8）磨最后一道砂纸。用 1 号或旧砂纸打磨，注意保护棱角，达到表面平整光滑，线角平直，整齐一致。由于是最后一道，砂纸要轻磨，磨完后用湿布打扫干净。

9）刷最后一道油漆。要多刷多理，刷油饱满，不流不坠，光亮均匀，色泽一致，如有毛病要及时修整。

10）冬期施工。冬期施工室内油漆工程，应在供暖条件下进行，室温保持均衡。一般油漆施工的环境温度不宜低于 10℃，相对湿度为 60%，不得突然变化。应设专人负责室温情况。

刮腻子

（4）质量控制

1）主控项目。

① 溶剂型涂料涂饰工程所选用涂料的品种型号和性能应符合设计要求。

检查方法：检查产品合格证，性能、环保检测报告和进场验收记录。民用建筑工程室内装饰中涂料必须有总挥发性有机化合物（TVOC）、苯、游离甲苯二异氰酸酯（TDL）（聚氨酯类）含量检测报告。

② 溶剂型涂料工程的颜色、光泽应符合设计要求。

溶剂型涂饰工程应涂刷均匀、黏结牢固，不得漏涂、透底、起皮和返锈。

基层腻子应平整、坚实、牢固，无粉化、起皮和裂缝。

2）一般项目。

① 涂层与其他装修材料和设备衔接处应吻合，界面应清晰。

② 金属表面施涂混色油漆涂料的一般项目见表5-5。

表 5-5   金属表面施涂混色油漆涂料的一般项目

项次	项目	中级涂饰	高级涂饰	检验方法
1	颜色	均匀一致	均匀一致	观察
2	裹棱、流坠、皱皮	明显处不允许	不允许	观察
3	光泽、光滑	光泽基本均匀，光滑无挡手	光泽均匀一致，光滑	观察、手摸检查
4	装饰线、分色线直线度允许偏差	不大于2mm	不大于1mm	拉5m线,不足5m拉通线,用钢尺检查
5	刷纹	刷纹通顺	无刷纹	观察

注：涂刷无光漆不检查光亮。

2. 混凝土及抹灰表面油漆涂料施工

（1）适用范围   适用于工业与民用建筑中室内混凝土表面及泥砂浆、混合砂浆抹灰表面施涂油性涂料。

（2）工艺流程   基层处理→修补腻子→磨砂纸→第一遍满刮腻子→磨砂纸→第二遍满刮腻子→磨砂纸→弹分色线→刷第一道涂料→补腻子、磨砂纸→刷第二遍涂料→磨砂纸→刷第三遍涂料→磨砂纸→刷第四遍涂料。

（3）施工要点

1）基层处理。将墙面上的灰渣等杂物清理干净，用笤帚将墙面将浮土等扫净。

2）修补腻子。用石膏腻子将墙面、门窗口角等磕碰破损处、麻面、风裂、接槎缝隙等分别找平补好，干燥后用砂纸将凸出处磨平。

3）第一遍满刮腻子。满刮腻子干燥后，用砂纸将腻子残渣、斑迹等打磨平、磨光，然后将墙面清扫干净。腻子配合比为聚醋酸乙烯乳液（即白乳胶）：滑石粉或大白粉：2%羧甲基纤维素溶液＝1：5：35（质量比），此为适用于室内的腻子。如厨房、厕所、浴室等，应采用室外工程的乳胶防水腻子，这种腻子耐水性能较好，其配合比为聚醋酸乙烯乳液（即白乳胶）：水泥：水＝1：5：1。

4）第二遍满刮腻子。涂刷高级涂料要满刮第二遍腻子，腻子配合比和操作方法同第一遍腻子。待腻子干透后个别地方再复补腻子，个别大的孔洞可复补腻子。彻底干透后，用1号砂纸打磨平整，清扫干净。

5）弹分色线。如墙面设有分色线，应在涂刷前弹线，先涂刷浅色涂料，后涂刷深色涂料。

6）涂刷第一遍油漆涂料。第一遍可涂刷铅油，它是遮盖力较强的涂料，是罩面涂料基层的底漆。铅油的稠度以盖底、不流淌、不显刷痕为宜。涂饰每个墙面的顺序应从上而下、从左到右，不得乱涂刷，以防漏涂或涂刷过厚，涂刷不均匀等。第一遍涂料干燥后个别缺陷或漏刮腻子处要复补，待腻子干透后用砂纸打磨，把小疙瘩、腻子渣、斑迹等磨平、磨光，并清扫干净。

7）涂刷第二遍涂料，涂刷操作方法同第一遍涂料。如墙面为中级涂料，此遍可涂铅油；如墙面为高级涂料，此遍可涂调和漆。待涂料干燥后，可用较细的砂纸把墙面打磨光滑，清扫干净，同时用潮布将墙面擦抹一遍。

8）涂刷第三遍涂料，用调和漆涂刷。如墙面为中级涂料，此道工序可作罩面，即最后一遍涂料，其涂刷顺序同上。由于调和漆黏度较大，涂刷时应多刷多理，以达到涂膜饱满、厚薄均匀一致、不流不坠。

9）涂刷第四遍涂料，用醇酸磁漆涂料。如墙面为高级涂料，此道涂料为罩面涂料，即最后一遍涂料。如最后一遍涂料改为无光调和漆时，可将第二遍铅油改为有光调和漆，其余做法相同。

（4）质量标准

1）主控项目。

① 溶剂型涂料涂饰工程所选用涂料的品种、型号和性能应符合设计和国家、行业现行规范规定的标准要求。

② 溶剂型涂料涂饰工程的颜色、光泽、图案应符合设计要求。

③ 溶剂型涂料涂饰工程应涂饰均匀、黏结牢固，不得漏刷、透底、起皮和返锈。

④ 溶剂型涂料涂饰工程的基层处理应符合：

a. 新建筑物的混凝土或抹灰基层在涂饰前应刷抗碱封闭底漆。

b. 旧墙面在涂饰涂料前应清除疏松的旧装修层，并涂刷界面剂。

⑤ 所选用涂料、胶黏剂等材料必须有产品合格证及总挥发性有机物和游离甲醛、苯含量检测报告。

2）一般项目。混凝土及抹灰表面饰涂油性涂料一般项目见表5-6。

3. 一般刷（喷）浆工程施工

（1）适用范围　适用于工业与民用建筑的一般喷（刷）浆饰面工程。

表 5-6　混凝土及抹灰表面饰涂油性涂料一般项目

项次	项目	中级涂饰	高级涂饰	检验方法
1	颜色	均匀一致	均匀一致	观察
2	光泽、光滑	光泽基本均匀、光滑无挡手感	光滑、光泽均匀一致	观察、手摸检查
3	刷纹	刷纹通顺	无刷纹	观察
4	裹棱、流坠、皱皮	明显处不允许	不允许	观察
5	装饰线、分色线直线度允许偏差（mm）	2	1	拉 5m 线，不足 5m 拉通线，用钢直尺检查

注：无光色漆不检查光泽。

（2）工艺流程　基层处理→喷、刷胶水→填补缝隙、局部刮腻子→轻质隔墙吊顶拼缝处理→满刮腻子→刷（喷）第一遍浆→复找腻子→砂纸打磨→刷（喷）第二遍浆→复打腻子→砂纸打磨→刷（喷）交活浆。

（3）施工要点

1）基层处理。混凝土墙及抹灰表面的浮砂、灰尘、疙瘩等要清除干净，粘附着的隔离剂，应用碱水（火碱：水 = 1：10）清刷，然后用清水冲刷干净；油污处应彻底清除。

2）喷（刷）胶水。混凝土墙面在刮腻子前应先喷（刷）一道胶水（质量比为水：乳液 = 5：1），以增强腻子与基层表面的黏结性，应喷（刷）均匀一致，不得有遗漏处。

3）填补缝隙、局部刮腻子。用石膏腻子将墙面缝隙及坑洼不平处分遍找平。操作时要横平竖起，填实抹平，并将多余腻子收净。待腻子干燥后用砂纸磨平，并把浮尘扫净。如还有坑洼不平处，可再补找一遍石膏腻子，其配合比为石膏粉：乳液：纤维素水溶液 = 100：45：60，其中纤维素水溶液浓度为 3.5%。

4）石膏板面接缝处理。接缝处应用嵌缝腻子填塞满，上糊一层玻璃网格布、麻布或绸布条。用乳液或胶黏剂将布条粘在拼缝上，粘条时应把布拉直、糊平，糊完后刮石膏腻子时要盖过布的宽度。

5）满刮腻子。根据墙体基层的不同和浆等级要求的不同，刮腻子的遍数和材料也不同，一般情况为三遍。腻子的配合比为质量比，有两种，一是适用于室内的腻子，其配合比为聚醋酸乙烯乳液（即白乳胶）：滑石粉或大白粉：20%羧甲纤维素溶液 = 1：5：3.5；二是适用于外墙、厨房、厕所、浴室的腻子，其配合比为聚醋酸乙烯乳液：水泥：水 = 1：5：1。刮腻子时应横竖刮，并注意接槎和收头时腻子要刮净。每遍腻子干后应磨砂纸，将腻子磨平，磨完后将浮尘清理干净。如面层要涂刷带颜色的浆料，则腻子亦要掺入适量与面层带颜色相协调的颜料。

6）刷（喷）第一遍浆。刷（喷）浆前应先将门窗口圈 20cm 用排笔刷好，当墙面和顶棚为两种颜色时，应在分色线处用排笔齐线并刷 20cm 宽以利接槎，然后再大面积刷（喷）浆。刷（喷）顺序应按先顶棚后墙面、先上后下顺序进行。喷浆时喷头距墙面宜为 20～30cm，移动速度要平稳，以使涂层厚度均匀。当顶板为槽型板时，应先喷凹面四周的内角，再喷中间平面。喷（刷）浆时浆料配合比与调制方法如下：

① 调制石灰浆。将生石灰块放入容器内，加入适量清水，等块灰熟化后再按比例加入清水，其配合比为生石灰∶水＝1∶6（质量比）。将食盐化成盐水，掺盐量为石灰浆质量的 0.3%～0.5%，将盐水倒入石灰浆内搅拌均匀后，再用 50～60 目的铜丝笞过滤，所得的浆液即可喷（刷）。

采用石灰膏时，将石灰膏放入容器内，直接加清水搅拌，掺盐量同上，拌匀后，用 50～60 目的铜丝笞过滤使用。

② 调制大白浆。将大白粉破碎后放入容器中，加清水拌和成浆，再用 50～60 目的铜丝笞过滤。将羧甲基纤维素放入缸内，加水搅拌使之完全溶解，其配合比为羧甲基纤维素∶水＝1∶40（质量比）。聚醋酸乙烯乳液加水稀释与大白粉拌合，乳液掺量为大白粉重量的 10%。将以上三种浆液按大白粉∶乳液∶纤维素＝100∶13∶16 混合搅拌后，过 80 目铜丝笞，拌匀后即成大白浆。

如果配色浆，则先将颜料用水化开，过笞后放入大白浆中。

③ 配可赛银浆。将可赛银粉末放入容器内，加清水溶解搅匀后即为可赛银浆。

7）复找腻子。第一遍浆干透后，对墙面上的麻点、坑洼、刮痕等用腻子重新复找刮平，干透后用细砂纸轻磨，并把粉尘扫净，达到表面光滑平整。如为普通喷浆可不做此道工序，如为中级或高级喷浆，必须有此道工序。

8）刷（喷）第二遍浆。所用浆料与操作方法同第一遍浆。喷（刷）浆遍数由刷浆等级决定，机械喷浆可不受遍数限制，以达到质量要求为准。

9）刷（喷）交活浆。待第二遍浆干后，用细砂纸将粉尘、溅沫、喷点等轻轻磨掉，并打扫干净，即可刷（喷）交活浆。交活浆应比第二遍浆的胶量适当增大一点，防止刷（喷）浆的涂层掉粉，这是必须做到和满足的保证项目。

10）刷（喷）内墙涂料和耐擦洗涂料等。其基层处理与喷（刷）浆相同，面层涂料使用建筑产品时，要注意外观检查，并参照产品说明书去处理和涂刷。

11）室外刷（喷）浆。

① 砖混结构的外窗台、旋脸、窗套、腰线等部位在抹罩面灰时，应趁湿刮一层白水泥膏，使之与面层压实并结合在一起。将滴水线（槽）按规矩预先埋设好，并趁灰层未干，紧跟着涂刷第二遍白水泥浆（为白水泥加水重20%的界面剂胶水溶液拌匀而成的浆液）。涂刷时可用油刷或排笔，自上而下涂刷，要注意应少醮勤刷，严防污染。

② 第二天要涂刷第二遍，达到涂层表面无花感且盖底为止。

③ 预制混凝土阳台底板、阳台分户板、阳台栏板涂刷如下：

一般习惯作法：清理基层，刮水泥腻子1~2遍找平，磨砂纸，再复找水泥腻子，刷外墙涂料，以涂刷均匀且盖底为交活。

根据室外气候变化影响大的特点，应选用防潮及防水涂料施涂。清理基层，刮聚合物水泥腻子1~2遍（用水重20%的胶水溶液拌合水泥，制成膏状物），干后磨平，对塌陷之处重新补平，干后磨砂纸，涂刷聚合物水泥浆（用水重20%的胶水溶液拌水泥，辅以颜料后成为浆液），或防潮、防水涂料。应先刷边角，再刷大面，均匀地涂刷一遍，待干后再涂刷第二遍，直至交活为止。

12）冬期施工：

① 利用冻结法抹灰的墙面不宜进行涂刷。

② 刷（喷）聚合物水泥浆应根据室外温度掺入外加剂（早强剂）。外加剂的材质应与涂料材质配套，外加剂的掺量应有试验决定。

③ 冬期施工所用的外墙涂料，应根据材质使用说明和要求去组织施工及使用，严防受冻。

④ 外檐涂刷早晚温度低时不宜施工。

（4）质量标准

1）主控项目。

① 选用刷（喷）浆的品种、型号和性能应符合设计要求。

② 选用刷（喷）浆的颜色、图案应符合设计要求。

③ 刷（喷）工程应涂饰均匀、黏结牢固，不得漏涂、透底、起皮和掉粉。

④ 刷（喷）工程的基层处理应符合：

a. 新建筑物的混凝土或抹灰层基层在涂饰前应涂刷抗碱封闭底漆。

b. 旧墙面在涂饰涂料前应清除疏松的旧装饰层,并涂刷界面剂。

c. 混凝土或抹灰基层涂刷溶剂型涂料时,含水率不得大于8%;涂刷乳液型时,含水率不得大于10%。木材基层的含水率不得大于12%。

d. 基层腻子应平整、坚实、牢固、无粉化、无起皮和裂缝;内墙腻子的黏结强度应符合《建筑室内用腻子》(JG/T 298—2010)的规定。

e. 厨房、卫生间墙面必须使用耐水腻子。

2)一般项目。室内、外刷(喷)浆工程质量和验收方法见表5-7。

表5-7　室内、外刷(喷)浆工程质量和验收方法

项次	项目	中级涂饰	高级涂饰	检查方法
1	颜色	均匀一致	均匀一致	观察
2	泛碱、咬色	允许少量轻微	不允许	
3	流坠、疙瘩	允许少量轻微	不允许	
4	砂眼、刷痕	允许少量轻微砂眼,刷纹通顺	无砂眼,无刷痕	
5	装饰线、分色直线度允许偏差/mm	2	1	拉5m线,不足5m拉通线,用钢直尺检查

5.1.6　清水砌体勾缝工程施工

1. 适用范围

适用于工业与民用建筑的清水砌体砂浆勾缝和原浆勾缝工程的施工。

2. 工艺流程

放线、找规矩→开缝、修补→塞堵门窗口缝及脚手眼等→墙面浇水→勾缝→扫缝→找补漏缝→清理墙面。

3. 施工要点

(1)放线、找规矩　顺墙立缝自上而下吊垂直,并用粉线将垂直线弹在墙上,作为垂直的规矩。水平缝以同层砖的上下棱为基准拉线,作为水平缝控制的规矩。

(2)开缝、修补　根据所弹控制基准线,凡在线外的棱角,均用开缝凿剔掉(俗称开缝)。对剔掉后偏差较大的,应用水泥砂浆顺线补齐,然后用原砖研粉与胶黏剂拌和成浆,刷在补好的灰层上,使颜色与原砖墙一致。

(3)塞堵门窗口缝及脚手眼等　勾缝前,将门窗台残缺的砖补砌好,然后用1∶3水泥砂浆将门窗框四周与墙之间的缝隙堵严塞实、抹平，且深浅一致。门窗框缝隙填塞材料应符合设计及规范要求。堵脚手眼时需先将眼内残留砂浆及灰尘等清理干净，然后洒水润湿，用同墙颜色一致的原砖补砌堵严。

（4）墙面浇水　首先将污染墙面的灰浆及污物清刷干净，然后浇水冲洗湿润。

（5）勾缝　勾缝砂浆配制应符合设计及相关要求，并且不宜拌制太稀。勾缝顺序应由上而下，先勾水平缝，然后勾立缝。勾平缝时应使用长溜子，操作时左手执托灰板，右手执溜子，将托灰板顶在要勾的缝的下口，用右手将灰浆推入缝内，自右向左喂灰，随勾随移动托灰板。勾完一段，用溜子在缝内左右推拉移动，勾缝溜子要保持立面垂直，将缝内砂浆赶平压实、压光，深浅一致。勾立缝时用短溜子，左手将托灰板端平，右手拿小溜子将托灰板上的砂浆用力压下（压在砂浆前沿），然后左手将托灰板扬起，右手将小溜子向前上方用力推起（动作要迅速），将砂浆叼起勾入主缝，这样可避免污染墙面，最后使溜子在缝中上下推动，将砂浆压实在缝中。勾缝深度应符合设计要求，无设计要求时，一般可控制在4~5mm为宜。清水砌体勾缝施工如图5-25所示。

图5-25　清水砌体勾缝施工

（6）扫缝　每一操作段勾缝完成后，用笤帚顺缝清扫，先扫平缝，后扫立缝，并不断抖弹笤帚上的砂浆，减少墙面污染。

（7）找补漏缝　扫缝完成后，要认真检查一遍有无漏勾的墙缝，尤其检查易忽略、挡视线和不易操作的地方，发现漏勾的缝及时补勾。

（8）清扫墙面　勾缝工作全部完成后，应将墙面全面清扫，对施工中污染墙面的残留灰痕应用力扫净，当难以扫掉时用毛刷蘸水轻刷，然后仔细将灰痕擦洗掉，使墙面干净整洁。施工完毕的清水砌体勾缝如图5-26所示。

图 5-26　清水砌体勾缝

4. 质量标准

（1）主控项目

1）清水砌体勾缝所用水泥的凝结时间和安定性复验应合格，砂浆的配合比应符合设计要求。

检验要求：水泥复试取样时应由相关单位进行见证取样，并签字认可。

拌制砂浆配合比计量时，应使用量具，不得采用经验估量法。计量配合比工作应设专人负责。

检查方法：检查复验报告和施工记录。

2）清水砌体勾缝应无漏勾，勾缝材料应黏结牢固，无开裂。

检验要求：施工中应加强过程控制，坚持工序检查制度，要做好施工记录。

检验方法：观察。

（2）一般项目

1）清水砌体勾缝应横平竖直，交接处应平顺，宽度和深度应均匀，表面应压实抹平。

检验要求：参加勾缝的操作人员必须是合格的熟练技工人员，非技工人员经培训合格后方可进行操作。

检查方法：观察，尺量检查。

2）灰缝应颜色一致，砌体表面应洁净。

检验要求：勾缝使用的水泥、颜料应是同一品种、同一批量、同一颜色的产品，并一次备足，集中存放，并避免受潮。勾缝完成后要认真清扫墙面。

检查方法：观察。

5.1.7 裱糊与软包工程施工

1. 裱糊工程施工

（1）适用范围　适用于聚氯乙烯塑料壁纸、复合纸质壁纸、金属壁纸、玻璃纤维壁纸、锦缎壁纸、装饰壁纸等裱糊工程。

（2）工艺流程　基层处理→吊直、套方、找规矩、弹线→计算用料、裁纸→刷胶→裱糊→修整。

（3）施工要点

1）基层处理。根据基层不同材质，采用不同的处理方法。

① 混凝土及抹灰基层处理。裱糊壁纸的基层是混凝土面、抹灰面（如水泥砂浆、水泥混合砂浆、石灰砂浆等），要满刮腻子一遍并打磨砂纸。但有的混凝土面、抹灰面有气孔、麻点、凸凹不平，此时，为了保证质量，应增加满刮腻子和磨砂纸遍数。

刮腻子时，将混凝土或抹灰面清扫干净，使用胶皮刮板满刮一遍。刮时要有规律，要一板排一板，两板中间顺一板。既要刮严，又不得有明显接槎和凸痕。做到凸处薄刮，凹处厚刮，大面积找平。待腻子干固后，用砂纸打磨并扫净。需要增加满刮腻子遍数的基层表面，应先将表面裂缝及凹面部分刮平，然后用砂纸打磨、扫净，再满刮一遍后用砂纸打磨。处理好的底层应该平整光滑，阴阳角线通畅、顺直，无裂痕、崩角，无砂眼麻点。

② 木质基层处理。木质基层要求接缝不显接槎，接缝、钉眼应用腻子补平并满刮油性腻子一遍（第一遍），用砂纸磨平。木夹板的不平整主要是钉接造成的，在钉接处木夹板往往下凹，非钉接处向外凸，所以第一遍满刮腻子主要是找平大面。第二遍可用石膏腻子找平，腻子的厚度应减薄。可在该腻子五六成干时，用塑料刮板有规律地压光，最后用干净的抹布轻轻将表面灰粒擦净。

对要贴金属壁纸的木质基面，刮第二遍腻子时应采用石膏粉调配猪血料的腻子，其配合比为10∶3（质量比）。金属壁纸对基面的平整度要求很高，稍有不平处或粉尘，都会在金属壁纸裱贴后明显地看出来。所以金属壁纸的木质基面处理，应与木家具打底方法基本相同，批抹腻子的遍数要求在三遍以上。批抹最后一遍腻子并打平后，用软布擦净。

③ 石膏板基层处理。纸面石膏板比较平整，披抹腻子主要是在对缝处和螺钉孔位处。对缝披抹腻子后，还需用棉纸带贴缝，以防对缝处开裂。在纸面石膏

板上，应用腻子满刮一遍，找平大面，第二遍腻子进行修整。墙面石膏板基层处理如图 5-27 所示。

图 5-27　墙面石膏板基层处理

④ 不同基层对接处的处理。不同基层材料的相接处，如石膏板与木夹板、水泥或抹灰基面与木夹板、水泥基面与石膏板之间的对缝，应用棉纸带或穿孔纸带粘贴封口，以防止裱糊后的壁纸面层被拉裂撕开。

⑤ 涂刷防潮底漆和底胶。为了防止壁纸受潮脱胶，一般对要裱糊塑料壁纸、壁布、纸基塑料壁纸、金属壁纸的墙面，涂刷防潮底漆。防潮底漆用酚醛清漆与汽油或松节油来调配，其配合比为清漆∶汽油（或松节油）= 1∶3。该底漆可涂刷，也可喷刷，漆液不宜厚，且要均匀一致。

涂刷底胶是为了增加黏结力，防止处理好的基层受潮弄污。底胶一般用 108 胶⊖配少许甲醛纤维素加水调成，其配合比为 108 胶∶水∶甲醛纤维素 = 10∶10∶0.2。底胶可涂刷，也可喷刷。在涂刷防潮底漆和底胶时，室内应无灰尘，以防止灰尘和杂物混入该底漆或底胶中。底胶一般是一遍成活，但不能漏刷、漏喷。

若面层贴波音软片，基层处理最后要做到硬、干、光。通常在做完基层处理后，还需增加打磨和刷二遍清漆工序。

⑥ 基层处理中的底灰腻子有乳胶腻子与油性腻子之分，其配合比（质量比）如下：

a. 乳胶腻子：

⊖ 108 胶虽然含有致癌物质甲醛，但是没有像 107 胶那样严重危害人类健康，因此尚没有被国家明令禁止，但在工程实践中，尤其是室内装修时，尽量不要使用，而优选其他更为环保的胶类产品。

白乳胶（聚醋酸乙烯乳液）：滑石粉：甲醛纤维素（2% 溶掖）= 1 : 10 : 2.5。

白乳胶：石膏粉：甲醛纤维素（2% 溶液）= 1 : 6 : 0.6

b. 油性腻子：

石膏粉：熟桐油：清漆（酚醛）= 10 : 1 : 2

复粉：熟桐油：松节油 = 10 : 2 : 1

2）吊直、套方、找规矩、弹线。

① 顶棚。首先应将顶子的对称中心线通过吊直、套方、找规矩的办法弹出中心线，以便从中间向两边对称控制。墙顶交接处的处理原则是：凡有挂镜线的按挂镜线弹线，没有挂镜线则按设计要求弹线。

② 墙面。首先应将房间四角的阴阳角通过吊垂直、套方、找规矩，并确定从哪个阴角开始按照壁纸的尺寸进行分块弹线控制（习惯做法是进门左阴角处开始铺贴第一张），有挂镜线的按挂镜线弹线，没有挂镜线的按设计要求弹线控制。

③ 具体操作方法。按壁纸的标准宽度找规矩，每个墙面的第一条纸都要弹线找垂直，第一条线距墙阴角约 15cm 处，作为裱糊时的准线。

在第一条壁纸位置的墙顶处敲进一枚墙钉，将有粉锤线系上，铅锤下吊到踢脚上缘处，锤线静止不动后，一手紧握锤头，按锤线的位置用铅笔在墙面划一短线，再松开铅锤头，查看垂线是否与铅笔短线重合。如果重合，就用一只手将垂线按在铅笔短线上，另一只手把垂线往外拉，放手后使其弹回，便可得到墙面的基准垂线。弹出的基准垂线越细越好。

每个墙面的第一条垂线，应该定在距墙角距离约 15cm 处。

墙面上有门窗口的应增加门窗两边的垂直线。

3）计算用料、裁纸。按基层实际尺寸进行测量，计算所需用量，并在每边增加 2~3cm 作为裁纸量。

裁剪在工作台上进行。对有图案的材料，无论顶棚还是墙面均应从粘贴的第一张开始对花，墙面从上部开始。边裁边编顺序号，以便按顺序粘贴。

对于对花墙纸，为减少浪费，应事先计算，如一间房需要 5 卷纸，则用 5 卷纸同时展开裁剪，可大大减少壁纸的浪费。

4）刷胶。现在的壁纸一般质量较好，所以不必进行润水。在进行施工前将 2~3 块壁纸进行刷胶，起到湿润、软化壁纸的作用。塑料纸基背面和墙面都应涂刷胶黏剂，刷胶应厚薄均匀，从刷胶到最后上墙的时间一般控制在 5~7min。

刷胶时，基层表面刷胶的宽度要比壁纸宽约 3cm。刷胶要全面、均匀、不裹边、不起堆，以防溢出，弄脏壁纸。但也不能刷得过少，甚至刷不到位，以免壁纸黏结不牢。一般抹灰墙面用胶量为 $0.15kg/m^2$ 左右，纸面为 $0.12kg/m^2$ 左右。壁纸背面刷胶后，应使胶面与胶面反复对叠，以避免胶干得太快，也便于上墙，并使裱糊的墙面整洁平整。

金属壁纸的胶液应是专用的壁纸粉胶。刷胶时，准备一卷未开封的发泡壁纸或长度大于壁纸宽的圆筒，一边在裁剪好的金属壁纸背面刷胶，一边将刷过胶的部分向上卷在发泡壁纸卷上。

5）裱贴。

① 吊顶裱贴。在吊顶面上裱贴壁纸，第一段通常要贴近主窗，与墙壁平行。长度过短时（小于 2m），则可跟窗户成直角贴。

在裱贴第一段前，须先弹出一条直线。其方法为：在距吊顶面两端的主窗墙角 10mm 处用铅笔做两个记号，在其中的一个记号处敲一枚钉子，按照前述方法在吊顶上弹出一道与主窗墙面平行的粉线。

按上述方法裁纸、浸水、刷胶后，将整条壁纸反复折叠，然后用一卷未开封的壁纸卷或长刷撑起折叠好的一段壁纸，并将边缘靠齐弹线，用排笔敷平一段，再展开下摺的端头部分，并将边缘靠齐弹线，用排笔敷平一段，再展开弹线敷平，直到整截贴好为止。剪齐两端多余的部分，如有必要，应沿着墙顶线和墙角修剪整齐。

② 墙面裱贴。裱贴壁纸时，首先要垂直，然后对花纹拼缝，再用刮板用力抹压平整。原则是先垂直面后水平面，先细部后大面。贴垂直面时先上后下，贴水平面时先高后低，如图 5-28、图 5-29 所示。

图 5-28　墙面裱糊施工（一）

贴墙纸

图 5-29　墙面裱糊施工（二）

裱贴时剪刀和长刷可放在围裙袋中或手边。先将上过胶的壁纸下半截向上折一半，握住顶端的两角，在四脚梯或凳上站稳后，展开上半截，凑近墙壁，使边缘靠着垂线成一直线，轻轻压平，由中间向外用刷子将上半截敷平，在壁纸顶端做出记号，然后用剪刀修齐或用壁纸刀将多余的壁纸割去。再按上法同样处理下半截，修齐踢脚板与墙壁间的角落，用海绵擦掉沾在踢脚板上的胶糊。壁纸贴平后，3~5h 内，在其微干状态时，用小滚轮（中间微起拱）均匀用力滚压接缝处，这样做比传统的有机玻璃片抹刮能有效地减少对壁纸的损坏。

裱贴壁纸时，注意在阳角处不能拼缝。阴角边壁纸搭缝时，应先裱糊压在里面的转角壁纸，再粘贴非转角的正常壁纸。搭接面应根据阴角垂直度而定，搭接宽度一般不小于 2cm，并且要保持垂直无毛边。

裱糊前，应尽可能卸下墙上电灯等开关。首先要切断电源，用火柴棒或细木棒插入螺丝孔内，以便在裱糊时识别，以及在裱糊后切割留位。不易拆下的配件，不能在壁纸上剪口再裱上去。操作时，将壁纸轻轻糊于电灯开关上面，并找到中心点，从中心开始切割十字，一直切到墙体边。然后用手按出开关体的轮廓位置，慢慢拉起多余的壁纸，剪去不需的部分，再用橡胶刮子刮平，并擦去刮出的胶液。

除了常规的直式裱贴外，还有斜式裱贴。若设计要求斜式裱贴，则在裱贴前的找规矩中增加找斜贴基准线这一工序。具体做法是：先在一面墙两上墙角间的中心墙顶处标明一点，由这点往下在墙上弹上一条垂直的粉笔灰线。从这条线的底部，沿着墙底，测出与墙高相等的距离。由这一点再和墙顶中心点连接，弹出另一条粉笔灰线，这条线就是一条确实的斜线。斜式裱贴壁纸比较浪费材料。在估计数量时，应预先考虑到这一点。

当墙面的墙纸完成 40m² 左右或自裱贴施工开始 40~60min 后，需安排一人用滚轮，从第一张墙纸开始滚压或抹压，直至将已完成的墙纸面滚压一遍。工序的原理和作用是，因墙纸胶液的特性为开始润滑性好，易于墙纸的对缝裱贴，当胶液内水分被墙体和墙纸逐步吸收后但还没干时，胶性逐渐增大，此段时间均为 40~60min，这时的胶液黏性最大，对墙纸面进行滚压，可使墙纸与基面更好贴合，使对缝处的缝口更加密合。

部分特殊裱贴面材，因其材料特征，在裱贴时有部分特殊的工艺要求，具体如下：

a. 金属壁纸的裱贴。金属壁纸的收缩量很少，在裱贴时可采用对缝裱，也可用搭缝裱。

金属壁纸对缝时，都有对花纹拼缝的要求。裱贴时，先从顶面开始对花纹拼缝，操作需要两个人同时配合，一个负责对花纹拼缝，另一个人负责手托金属壁纸卷，逐渐放展。一边对缝一边用橡胶刮平金属壁纸，刮时由纸的中部往两边压刮，使胶液向两边滑动而粘贴均匀。刮平时用力要均匀适中，刮子面要放平，不可用刮子的尖端来刮金属壁纸，以防刮伤纸面。若两幅间有小缝，则应用刮子在刚粘的这幅壁纸面上，向先粘好的壁纸这边刮，直到无缝为止。裱贴操作的其他要求与普通壁纸相同。

b. 锦缎的裱贴。由于锦缎柔软光滑，极易变形，难以直接裱糊在木质基层面上，裱糊时，应先在锦缎背后上浆，并裱糊一层宣纸，使锦缎挺括，以便于裁剪和裱贴上墙。

上浆用的浆液由面粉、防虫涂料和水配合而成，其配合比为（质量比）5：40：20，调配成稀而薄的浆液。上浆时，把锦缎正面平铺在大而干的桌面上或平滑的大木夹板上，并在两边压紧锦缎，用排刷沾上浆液从中间开始向两边刷，使浆液均匀地涂刷在锦缎背面，浆液不要过多，以打湿背面为准。

在另一张大平面桌子（桌面一定要光滑）上平铺一张幅宽大于锦缎幅宽的宣纸，并用水将宣纸打湿，使纸平贴在桌面上。用水量要适当，以刚好打湿为宜。

把上好浆液的锦缎从桌面上抬起来，将有浆液的一面向下，把锦缎粘贴在打湿的宣纸上，并用塑料刮片从锦缎的中间开始向四边刮压，以便使锦缎与宣纸粘贴均匀。待打湿的宣纸干后，便可从桌面取下，这时，锦缎与宣纸就贴合在一起。

锦缎裱贴前要根据其幅宽和花纹认真裁剪，并将每个裁剪完的开片编号，裱贴时，对号进行。裱贴的方法同金属纸。

c. 波音软片的裱贴。波音软片是一种自粘性饰面材料，因此，当基面做到硬、干、光后，不必刷胶，裱贴时，只要将波音软片的自粘底纸层撕开一条口。在墙壁面的裱贴中，首先对好垂直线，然后将撕开一条口的波音软片粘贴在饰面的上沿口。自上而下，一边撕开底纸层，一边用木块或有机玻璃夹片贴在基面上，如表面不平，可用吹风加热，并用干净布在加热的表面处摩擦，以恢复平整。也可用电熨斗加热，但要调到中低档温度。

在进行裱糊类室内墙面施工时，我们可优先选用时下更为环保的建筑材料。例如纺织纤维壁布、化纤壁布、棉纺壁布等。

纺织纤维壁布具有无毒、透气、隔音的特点，有很好的调湿效果，还可以防止墙面结露长霉。

化纤壁布具有无毒、无味、透气性好，且耐磨、无分层的特点。

棉纺壁布更是被誉为业内最环保的墙面装修材料之一。它不含任何化学材料的添加，只将纯棉布进行加工、印花、涂层。具有强度坚韧、静电小、无味、无毒、可吸音，色泽绚丽大方等优点。

2. 木作软包墙面施工

（1）适用范围　适用于墙面（装饰布和皮革、人造革）木作软包施工。

（2）工艺流程　基层或底板处理→吊直、套方、找规矩、弹线→计算用料、截面料→粘贴面料→安装贴脸或装饰边线、刷镶边油漆→修整软包墙面。

（3）操作工艺

1）基层或底板处理。在结构墙上预埋木砖，抹水泥砂浆找平层。如果是直接铺贴，则应先将底板拼缝用油腻子嵌平密实，满刮腻子1~2遍，待腻子干燥后，用砂纸磨平，粘贴前基层表面满刷清油一道。

2）吊直、套方、找规矩、弹线。根据设计图纸要求，把该房间需要软包墙面的装饰尺寸、造型等通过吊直、套方、找规矩、弹线等工序，落实到墙面上。

3）计算用料，套裁填充料和面料。首先根据设计图的要求，确定软包墙面的具体做法，再计算用料，套裁填充料和面料。

4）粘贴面料。当采取直接铺贴法施工时，应待墙面细木装修基本完成，边框油漆达到交活条件后，粘贴面料。

5）安装贴脸或装饰边线。根据设计选定和加工好的贴脸或装饰边线，按设计要求把油漆刷好后（达到交活条件），便可进行装饰板安装工作。安装时，首先要试拼，达到设计要求的效果后，便可与基层固定，并安装贴脸或装饰边线，最后涂刷镶边油漆成活。

6）修整软包墙面。除尘清理，钉粘保护膜和处理胶痕。

（4）施工工艺

1）基层处理。人造革软包，要求基层牢固，构造合理。如果是将它直接装设于建筑墙体及柱体表面，为防止墙体、柱体的潮气使其基面板底翘曲变形而影响装饰质量，要求基层做抹灰和防潮处理。通常的做法是，采用 1∶3 的水泥砂浆抹灰做至 20mm 厚，然后刷涂冷底子油一道并做一毡二油防潮层。软包墙面基层施工如图 5-30 所示。

图 5-30　软包墙面基层施工

2）木龙骨及墙板安装。当在建筑墙柱面做皮革或人造革装饰时，应采用墙筋木龙骨。墙筋龙骨一般为（20~50mm）×（40~50mm）截面的木方条，钉于墙、柱体的预埋木砖或预埋的木楔上。木砖或木楔的间距与墙筋的排布尺寸一致，一般为 400~600mm。按设计图的要求进行分格或平面造型形式划分，常见形式为 450mm×450mm 见方划分。

固定好墙筋，随即铺钉夹板作基面板，然后以人造革包填塞材料覆于基面板之上，采用钉子将其固定于墙筋位置，最后以电化铝帽头钉按分格或其他形式的划分尺寸进行钉固。也可同时采用压条，压条的材料可用不锈钢、铜或木条，这样既方便施工，又可使其立面造型丰富。

3）面层固定。皮革和人造革饰面的铺钉方法，主要有成卷铺装和分块固定两种形式，此外尚有压条法、平铺泡钉压角法等，由设计而定。

① 成卷铺装法。由于人造革材料可成卷供应，当较大面积施工时，可进行成卷铺装。但需注意，人造革卷材的幅面宽度应大于横向木筋中距 50~80mm；并保证基面五夹板的接缝须置于墙筋上。

② 分块固定。这种做法是先将皮革或人造革与夹板按设计要求的分格，划块进行预裁，然后一并固定于木筋上。安装时，以五夹板压住皮革或人造革面

层，压边 20~30mm，用圆钉钉于木筋上，然后将皮革或人造革与木夹板之间填入衬垫材料进而包覆固定。必须注意的操作要点是：首先必须保证五夹板的接缝位于墙筋中线；其次，五夹板的另一端不压皮革或人造革而是直接钉于木筋上；再就是皮革或人造革剪裁时必须大于装饰分格划块尺寸，并足以在下一个墙筋上剩余 20~30mm 的料头。如此，第二块五夹板又可将第二片革面压于其上进而固定，照此类推完成整个软包面。这种做法，多用于酒吧台、服务台等部位的装饰。墙面软包施工如图 5-31 所示。

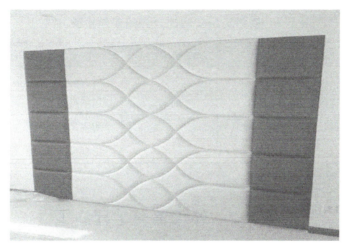

图 5-31　墙面软包施工

3. 质量要求

（1）主控项目

1）软包的面料、内衬材料及边框的材质、颜色、图案、燃烧性能等级和木材的含水率应符合设计要求及国家现行标准的有关规定。

2）软包工程的安装位置及构造做法应符合设计要求。

3）软包工程的龙骨、衬板、边框应安装牢固，无翘曲，拼缝应平直。

4）单块软包面料不应有接缝，四周应绷压严密。

（2）一般项目

1）软包工程表面应平整、洁净，无凹凸不平及皱折；图案应清晰、无色差，整体应协调美观。

2）软包边框应平整、顺直、接缝吻合，其表面涂饰质量应符合国家和行业标准的相关规定，见表 5-8。清漆涂饰木制边框的颜色、木纹应协调一致。

3）软包工程安装的允许偏差和检验方法应符合表 5-9 的规定。

表 5-8　清漆的涂饰质量和检验方法

项次	项目	普通涂饰	高级涂饰	检验方法
1	颜色	基本一致	均匀一致	观察
2	木纹	棕眼刮平、木纹清楚	棕眼刮平、木纹清楚	观察
3	光泽、光滑	光泽基本均匀,光滑无挡手感	光泽均匀一致,光滑	观察、手摸检查
4	刷纹	无刷纹	无刷纹	观察
5	裹棱、流坠、皱皮	明显处不允许	不允许	观察

表 5-9　软包工程安装的允许偏差和检验方法

项次	项目	允许偏差/mm	检验方法
1	垂直度	3	用 1m 垂直检测尺检查
2	边框宽度、高度	0,-2	用钢尺检查
3	对角线长度差	3	用钢尺检查
4	裁口、线条接缝高低差	1	用直尺和塞尺检查

任务 5.2　外墙饰面工程施工

5.2.1　一般抹灰工程施工

1. 基本规定

（1）设计

1）抹灰工程应有施工图、设计说明及其他设计文件。

2）相关各单位专业之间应进行交接验收并形成记录。

（2）材料

1）所有材料进场时应对品种、规格、外观和数量进行验收。材料包装应完好,应有产品合格证书。

2）进场后需要进行复验的材料应符合国家规范规定。

3）现场配制的砂浆、胶黏剂等,应按设计要求或产品说明书配制。

4）不同品种、不同强度等级的水泥不得混合使用。

（3）施工

1）在施工中严禁违反设计文件擅自改动建筑主体、承重结构或主要使用功能，严禁未经设计确认和有关部门批准擅自拆改水、暖、电、燃气、通信等配套设施。

2）各工序应按施工技术标准进行质量控制，每道工序完成后，应进行工序交接检验。

3）相关各专业工种之间，应进行交接检验，并形成记录，未经监理工程师或建设单位技术负责人检查认可，不得进行下道工序施工。

4）施工过程质量管理应有相应的施工技术标准和质量管理体系，加强过程质量控制管理。

5）施工完成验收前应将施工现场清理干净。

6）施工单位应遵守有关环境保护的法律法规，并应采取有效措施控制施工现场的各种粉尘、废弃物、噪声、振动等对周围环境造成的污染和危害。

2. 质量要求

（1）普通抹灰　表面光滑、洁净；接槎平整，分格线应清晰。

（2）高级抹灰　表面光滑、颜色均匀，无抹痕，线角及灰线平直方正，分格线清晰美观。

3. 施工准备

1）抹灰工程的施工图、设计说明及其他设计文件完成。

2）材料的产品合格证书、性能检测报告、进场验收记录和复验报告完成。

3）施工组织设计（方案）已完成，经审核批准并已完成交底工作。

4）施工技术交底（作业指导书）已完成。

4. 材料要求

（1）水泥　宜采用普通硅酸盐水泥或硅酸盐水泥，彩色抹灰宜采用白色硅酸盐水泥。水泥强度等级宜采用 32.5 级以上颜色一致、同一批号、同一品种、同一强度等级、同一生产厂家的产品。

水泥进厂需对产品名称、代号、净含量、强度等级、生产许可证编号、生产地址、出厂编号、执行标准、日期等进行外观检查，同时验收合格证。

（2）砂　宜采用平均粒径 0.35~0.5mm 的中砂，在使用前应根据使用要求过筛，筛好后保持洁净。

（3）磨细石灰粉　其细度过 0.125mm 的方孔筛，累计筛余量不大于 13%，使用前用水浸泡使其充分熟化，熟化时间最少不小于 3d。

浸泡方法：提前备好大容器，均匀地往容器中撒一层生石灰粉，浇一层水，然后再撒一层，再浇一层水，依次进行，当达到容器的 2/3 时，将容器内放满水，使之熟化。

（4）石灰膏　用块状生石灰淋制时，用筛网过滤，贮存在沉淀池中，使其充分熟化。使用时石灰膏内不得含有未熟化的颗粒和其他杂质。在沉淀池中的石灰膏要加以保护，防止其干燥、冻结和污染。

（5）掺加材料　当使用胶黏剂或外加剂时，必须符合设计及国家规范要求。

5. 作业条件

1）主体结构必须经过相关单位（建设单位、施工单位、质监单位、设计单位）检验合格并已验收。

2）抹灰前应检查门窗框安装位置是否正确，需埋设的接线盒、电箱、管线、管道套管是否固定牢固。连接处缝隙应用 1：3 水泥砂浆或 1：1：6 水泥混合砂浆分层嵌塞密实，若缝隙较大，应在砂浆中掺少量麻刀，将其填塞密实。

3）将混凝土过梁、梁垫、圈梁、混凝土柱、梁等表面凸出部分剔平，将蜂窝、麻面、露筋、疏松部分剔到实处，用胶黏性素水泥浆或界面剂涂刷表面。然后用 1：3 的水泥砂浆分层抹平。脚手眼和废弃的孔洞应堵严，窗台砖补齐，墙与楼板、梁底等交接处应用斜砖砌严补齐。

4）配电箱、消火栓等背后裸露部分应加钉镀锌钢丝网固定好，可涂刷一层界面剂，镀锌钢丝网与最小边搭接尺寸不应小于 10cm。

5）抹灰基层表面的油渍、灰尘、污垢等，应清除干净。

6）抹灰前屋面防水最好是提前完成，如没完成防水及上一层地面需进行抹灰，则必须有防水措施。

7）抹灰前应熟悉图纸、设计说明及其他文件，制定方案，做好样板间，经检验达到标准要求后方可正式施工。

8）外墙抹灰施工要提前按安全操作规范搭好外架子。架子离墙 20~25cm 以利于操作。为减少抹灰接槎，使抹灰面平整，外架宜铺设三步板。为保证抹灰不出现接缝和色差，严禁使用单排架子，同时不得在墙面上预留临时孔洞等。

9）抹灰开始前应对建筑整体进行表面垂直、平整度检查。在建筑物的大角两面和阳台、窗台、旋脸等两侧吊垂直，弹出抹灰层控制线，以作为抹灰的依据。

6. 工艺流程

墙面基层清理、浇水湿润→堵门窗口缝及脚手眼、孔洞→吊垂直、套方、找规矩、抹灰饼、冲筋→抹底层灰、中层灰→弹线分格、嵌分格条→抹面层灰、起分格条→抹滴水线→养护。

7. 施工要点

（1）墙面基层清理、浇水湿润

1）砖墙基层处理。将墙面上残存的砂浆、舌头灰剔除干净，污垢、灰尘等清理干净，用清水冲洗墙面，将砖缝中的浮砂、尘土冲掉，并将墙面均匀湿润。

2）混凝土墙基层处理。因混凝土墙面在结构施工时大都使用脱膜隔离剂，表面比较光滑，故应将其表面进行处理。其方法：采用脱污剂将墙面的油污脱除干净，晾干后采用机械喷涂或笤帚涂刷一层薄的胶黏性水泥浆或涂刷一层混凝土界面剂，使其凝固在光滑的基层上，以增加抹灰层与基层的附着力，不出现空鼓开裂现象。另一种方法是将其表面用尖钻子均匀剔成麻面，使其表面粗糙不平，然后浇水湿润。

3）加气混凝土墙基层处理。加气混凝土砌体其本身强度较低，孔隙率较大，在抹灰前应对松动及灰浆不饱满的拼缝或梁、板下的顶头缝，用砂浆填塞密实。将墙面凸出部分或舌头灰剔凿平整，并将缺棱掉角、凹凸不平和设备管线槽、洞等同时用砂浆整修密实、平顺。用托线板检查墙面垂直偏差及平整度，根据要求将墙面抹灰基层处理到位，然后喷水湿润。

（2）堵门窗口缝及脚手眼、孔洞等　堵缝工作要作为一道工序应安排专人负责。门窗框安装应位置准确，用水泥砂浆将缝隙塞严。堵脚手眼和废弃的孔洞时，应将洞内杂物、灰尘等物清理干净，浇水湿润，然后用砖将其补齐砌严。

（3）吊垂直、套方、找规矩、做灰饼、冲筋　根据建筑高度确定放线方法，高层建筑可利用墙大角、门窗口两边，用经纬仪打直线找垂直。多层建筑，可从顶层用大线坠吊垂直，绷钢丝找规矩。横向水平线可依据楼层标高+500mm线为水平基准线进行交圈控制，然后按抹灰操作层抹灰饼。做灰饼时应注意横竖交圈，以便操作。每层抹灰时以灰饼做基准冲筋，使其保证横平竖直。

（4）抹底层灰、中层灰　根据不同的基体，抹底层灰前可刷一道胶黏性水泥浆，然后抹1:3水泥砂浆（加气混凝土墙应抹1:1:6混合砂浆），每层厚度宜控制在5~7mm。分层抹灰，抹与冲筋相平时，用木杠刮平找直，木抹搓毛。每层抹灰不宜跟得太紧，以防收缩影响质量。

（5）弹线分格、嵌分格条　根据图纸要求弹线分格、粘分格条。分格条宜采用红松制作，粘前应用水充分浸透。粘时在条两侧用素水泥浆抹成45°八字坡形。粘分格条时注意竖条应粘在所弹立线的同一侧，防止左右乱粘，出现分格不均匀。分格条粘好后，待底层呈七八成干时可抹面层灰。

（6）抹面层灰、起分格条　待底灰呈七八成平时开始抹面层灰。将底灰墙面浇水均匀湿润，先刮一层薄薄的素水泥浆，随即抹罩面灰与分格条平，并用木杠横竖刮平，木抹子搓毛，铁抹子溜光、压实。待其表面无明水时，用软毛刷蘸水垂直于地面向同一方向轻刷一遍，以保证面层灰颜色一致，避免出现收缩裂缝。随后将分格条起出，待灰层干后，用素水泥膏将缝勾好。难起的分格条不要硬起，以防止棱角损坏，而是待灰层干透后补起，并补勾缝。

（7）抹滴水线　在抹檐口、窗台、窗眉、阳台、雨篷、压顶和突出墙面的腰线以及装饰凸线时，应将其上面做成向外的流水坡度，严禁出现倒坡，下面做滴水线（槽）。窗台上面的抹灰层应深入窗框下坎裁口内，堵塞密实。流水坡度及滴水线（槽）距外表面不小于4cm，滴水线深度和宽度一般不小于10mm，并应保证其流水坡度方向正确。滴水线（槽）做法如图5-32所示。

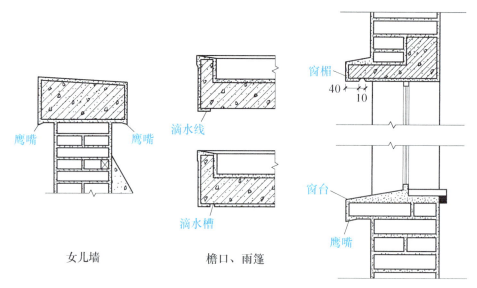

图 5-32　滴水线（槽）做法示意图

8. 质量验收标准

（1）主控项目

1）抹灰前基层表面的尘土、污垢、油渍等应清除干净，并应洒水润湿。

检验要求：抹灰前基层必须经过检查验收，并填写隐蔽工程验收记录。

检查方法：检查施工记录。

2）一般抹灰材料的品种和性能应符合设计要求，水泥凝结时间和安定性应合格，砂浆的配合比应符合设计要求。

检验要求：材料复验要由监理或相关单位负责见证取样，并签字认可；配制砂浆时应使用相应的量器，不得估配或采用经验配制法配置；对配制使用的量器使用前应进行检查标识，并进行定期检查，做好记录。

检查方法：检查产品合格证书，进场验收记录，复验报告和施工记录。

3）抹灰层与基层之间的各抹灰层之间必须黏结牢固，抹灰层无脱层、空鼓，面层应无爆灰和裂缝。

检验要求：操作时严格按规范和工艺标准操作。

检查方法：观察，用小锤轻击检查，检查施工记录。

（2）一般项目

1）一般抹灰工程的表面质量应符合下列规定：

① 普通抹灰表面应光滑、洁净，接槎平整，分格缝应清晰。

② 高级抹灰表面应光滑、洁净，颜色均匀、无抹纹，分格缝和灰线应清晰美观，如图 5-33 所示。

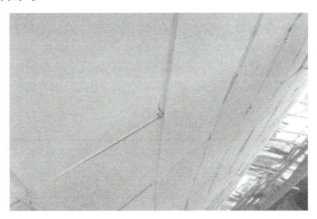

图 5-33　外墙面高级抹灰及分格施工完成效果

检验要求：抹灰等级应符合设计要求。

检查方法：观察，手摸检查。

2）抹灰总厚度应符合设计要求，水泥砂浆不得抹在石灰砂浆上，罩面石膏灰不得抹在水泥砂浆层上。

检验要求：施工时要严格按设计要求或施工规范标准执行。

检查方法：检查施工记录。

3）抹灰分格缝的设置应符合设计要求，宽度和深度应均匀，表面光滑，棱角应整齐。

检验要求：分格条平直，深浅一致，位置准确。

检查方法：观察，尺量检查。

4）有排水要求的部位应做滴水线（槽）。滴水线（槽）应整齐顺直，滴水线应内高外低，滴水槽的宽度和深度，均不应小于10mm，滴水槽应用塑料分格条。

检查方法：观察，尺量检查。

5）一般抹灰工程质量的允许偏差和检验方法应符合表5-1的规定。

9. 防治通病

外墙面水泥砂浆抹灰常见的质量通病有空鼓，裂缝，接槎有明显抹纹，色泽不匀，阳台、窗台（口）等抹灰饰面在水平和垂直方向不一致，分格缝不平、不直，缺棱、错缝，雨水污染墙面，窗台处向室内渗漏水以及墙面泛霜等，如图5-34所示。

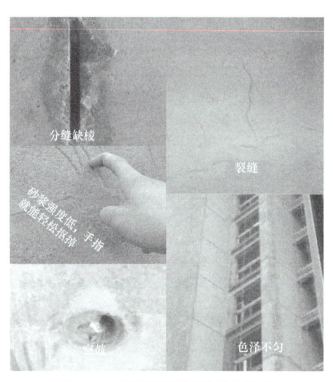

图 5-34　外墙面水泥砂浆抹灰缺陷

5.2.2　室外贴面砖工程施工

1. 适用范围

适用于工业与民用建筑中室外贴面砖工程。

2. 工艺流程

基层处理→吊垂直、套方、找规矩→贴灰饼→抹底层砂浆→弹线分格→排砖→浸砖→镶贴面砖→面砖勾缝及擦缝。

3. 施工要点

（1）基体为混凝土墙面时的操作方法

1）基层处理。将凸出墙面的混凝土剔平，对大钢模施工的混凝土墙面应凿毛，并用钢丝刷满刷一遍，清除干净，然后浇水湿润。对于基体混凝土表面很光滑的，可采取"毛化处理"办法，即先将表面尘土、污垢清扫干净，用10%火碱水将墙面的油污刷掉，随之用净水将碱液冲净、晾干；然后用水泥砂浆内掺水重20%的界面剂胶，用笤帚将砂浆甩到墙上，其甩点要均匀；终凝后浇水养护，直至水泥浆疙瘩全部粘到混凝土光面上，并有较高的强度（用手搿不动）为止。

2）吊垂直、套方、找规矩、贴灰饼、冲筋。高层建筑物应在四大角和门窗口边用经纬仪打垂直线找直；多层建筑物，可从顶层开始用特制的大线坠绷低碳钢丝吊垂直。然后根据面砖的规格尺寸分层设点，做灰饼，灰饼间距1.6m。横向水平线以楼层为水平基准线交圈控制，竖向垂直线以四周大角和通天柱或墙垛子为基准线控制，应全部是整砖。阳角处要双面排直。每层打底时，应以此灰饼作为基准点进行冲筋，使其底层灰做到横平竖直。同时要注意找好突出檐口、腰线、窗台、雨篷等饰面的流水坡度和滴水线（槽）。

3）抹底层砂浆。先刷一道掺水重10%的界面剂胶水泥素浆。抹底层砂浆应分层分遍进行（常温时采用配合比为1∶3水泥砂浆），第一遍厚度宜为5mm，抹后用木抹子搓平、扫毛，待第一遍六至七成干时，即可抹第二遍，厚度约为8～12mm，随即用木杠刮平、木抹子搓毛，终凝后洒水养护。砂浆总厚不得超过20mm，否则应做加强处理。

4）弹线分格。待基层灰六至七成干时，即可按图纸要求进行分段分格弹线，同时亦可进行面层贴标准点的工作，以控制面层出墙尺寸及垂直、平整。

5）排砖。根据大样图及墙面尺寸进行横竖向排砖，以保证面砖缝隙均匀，符合设计图纸要求。注意大墙面、通天柱子和垛子要排整砖，在同一墙面上的横竖排列，均不得有一行以上的非整砖。非整砖行应排在次要部位，如窗间墙或阴角处等，但亦要注意一致和对称。如遇有突出的卡件，应用整砖套割吻合，不得用非整砖随意拼凑镶贴。面砖接缝的宽度不应小于5mm，不得采用密缝。

6）选砖、浸泡。釉面砖和外墙面砖镶贴前，应挑选颜色、规格一致的砖。

浸泡砖时，将面砖清扫干净，放入净水中浸泡 2h 以上，取出待表面晾干或擦干净后方可使用。

7）粘贴面砖。粘贴应自上而下进行。高层建筑采取措施后，可分段进行，在每一分段或分块内的面砖，均为自下而上镶贴。从最下一层砖下皮的位置线先稳好靠尺，以此托住第一皮面砖。在面砖背面宜采用水泥：白灰膏：砂 = 1：0.2：2 的混合砂浆镶贴，砂浆厚度为 6～10mm，贴上后用灰铲柄轻轻敲打，使之附线，再用钢片开刀调整竖缝，并用小杠通过标准点调整平面和垂直度。

另外一种做法是，用 1：1 水泥砂浆加水重 20% 的界面剂胶，在砖背面抹 3～4mm 厚，然后直接粘贴。但此种做法其基层灰必须抹得平整，而且砂子必须用窗纱筛后使用。不得采用有机物作主要黏结材料。

另外也可用胶粉来粘贴面砖，其厚度为 2～3mm，有此种做法其基层灰必须更平整。当要求釉面砖拉缝镶贴时，面砖之间的水平缝宽度用米厘条控制，米厘条用贴砖用砂浆与中层灰临时镶贴。米厘条贴在已镶贴好的面砖上口，为保证其平整，可临时加垫小木楔。

女儿墙压顶、窗台、腰线等部位平面也要镶贴面砖时，除流水坡度符合设计要求外，应采取顶面砖压立面面砖的做法，预防向内渗水，引起空裂。同时还应采取立面中最低一排面砖必须压底平面面砖，并低出底平面面砖 3～5mm 的做法，让其起滴水线（槽）的作用，防止尿檐，引起空裂。

8）面砖勾缝与擦缝。面砖铺贴拉缝时，用 1：1 水泥砂浆勾缝或采用勾缝胶，先勾水平缝再勾竖缝，勾好后要求凹进面砖外表面 2～3mm。若横竖缝为干挤缝，或小于 3mm，应用白水泥配颜料进行擦缝处理。面砖缝子勾完后，用布或棉丝蘸稀盐酸擦洗干净。

（2）基体为砖墙面时的操作方法

1）基层处理。抹灰前，墙面必须清扫干净，浇水湿润。

2）吊垂直、套方、找规矩。大墙面和四角、门窗口边弹线找规矩，必须由顶层到底一次进行，弹出垂直线，并决定面砖出墙尺寸，分层设点、做灰饼（间距为 1.6m）。横线则以楼层为水平基线交圈控制，竖向线则以四周大角和通天垛、柱子为基准线控制。每层打底时则以灰饼作为基准点进行冲筋，使其底层灰做到横平竖直。同时要注意找好突出檐口、腰线、窗台、雨篷等饰面的流水坡度。

3）抹底层砂浆。先把墙面浇水湿润，然后用 1：3 水泥砂浆刮一道约 5～6mm 厚，紧跟着用同强度等级的灰与所冲的筋抹平，随即用木杠刮平，木抹搓毛，隔天浇水养护。

4）其他操作同基层为混凝土墙面做法。

（3）基层为加气混凝土时的操作方法 可酌情选用下述两种方法中的一种进行基层处理。

1）用水湿润加气混凝土表面，修补缺棱掉角处。修补前，先刷一道聚合物水泥浆，然后用水泥∶白灰膏∶砂子＝1∶3∶9的混合砂浆分层补平，隔天刷聚合物水泥浆并抹1∶1∶6混合砂浆打底，木抹子搓平，隔天养护。

2）用水湿润加气混凝土表面，在缺棱掉角处刷聚合物水泥浆一道，用1∶3∶9混合砂浆分层补平，待干燥后，钉金属网一层并绷紧。在金属网上分层抹1∶1∶6混合砂浆打底（最好采取机械喷射工艺），砂浆与金属网应结合牢固，最后用木抹子轻轻搓平，隔天浇水养护。

其他操作同混凝土墙面。

（4）夏期施工 夏期镶贴室外饰面板、饰面砖，应有防止暴晒的可靠措施。

（5）冬期施工 一般只在冬季初期施工，严寒阶段不得施工。

1）砂浆的使用温度不得低于5℃，砂浆硬化前，应采取防冻措施。

2）用冻结法砌筑的墙，应待其解冻后再抹灰。

3）镶贴砂浆硬化初期不得受冻，室外气温低于5℃时，室外镶贴砂浆内可掺入能降低冻结温度的外加剂，其掺入量应由试验确定。

4）严防黏结层砂浆早期受冻，并保证操作质量，禁止使用白灰膏和界面剂胶，宜采用同体积粉煤灰代替或改用水泥砂浆抹灰。

外墙面贴砖施工如图 5-35 所示。

图 5-35　外墙面贴砖施工

项目6 吊顶装饰施工

⏩【导读】

　　吊顶行业发展至今，款式由初期木工打造的简单样式已经发展到现阶段的多种多样。现在，人们更加讲究精细化、个性化和多元化，因此对于吊顶的整体性、协调性、设计感、功能性、环保等方面的需求也在不断增强。本项目对吊顶知识做全面梳理，增加了外装吊顶的做法。

⏩【知识目标】

　　1. 认识吊顶，了解其特点、分类和作用。
　　2. 对不同类型吊顶的完整施工过程有一个全面的认识。

⏩【能力目标】

　　1. 能够正确选择材料和组织施工的方法，制定合理的施工方案，满足施工质量要求。
　　2. 培养解决现场施工常见工程质量问题的能力。
　　3. 在掌握施工工艺的基础上初步熟悉工程质量要求与验收标准。

任务6.1 吊顶概述

6.1.1 吊顶的定义及作用

1. 吊顶的定义

　　日常生活中我们认为吊顶、天花板、顶棚（天棚）是同一个概念，这也是源于我国自古以来的习惯叫法。我国古人习惯把室内顶棚称为"天花"，特别注重对建筑顶部进行美化并刻意地融入人文内涵，将天花板以及明露的梁枋、斗拱、雀替、藻井等构件和构件装饰视为十分重要的营造事项，如图 6-1 所示。其实这几者之间还是有所区别的。

a)　　　　　　　　　　　　　　b)

c)　　　　　　　　　　　　　　d)

图 6-1　中国古建筑的顶部装饰

a）梁枋　b）斗拱　c）雀替　d）藻井

顶棚（天棚）的含义比较广泛，是指室内上部空间的面层与结构的总和，甚至包括整个屋顶构造，如采光屋顶可称为采光顶棚。

天花板是指室内上部构造中的饰面层，而不反映有无骨架结构，如楼板底面抹灰装饰称为天花板抹灰比较贴切。

吊顶指的是在建筑物结构层下部悬挂一层骨架与饰面板装饰层，与建筑物结构层拉开一定的距离，其自重要由建筑物的结构层来承担。其设计要从建筑功能、建筑声学、建筑照明、建筑热工、设备安装、管线敷设、维护检修、防火安全以及美观要求等多方面综合考虑。吊顶工程一般用于标准较高的建筑物，如写字楼、宾馆等建筑，也可用于家庭厨房和洗手间的装修。设计者可以充分利用房间顶部结构特点及室内净空高度进行平面或立体的装饰造型和罩面装潢处理。

2. 吊顶的作用

（1）提高室内装饰效果 吊顶是室内装饰的一个重要组成部分，它是除墙面、地面外，用以围合成室内空间的另一个大面。吊顶装饰比较引人注目，其装饰处理能够从空间、造型、光影、材质等方面，来渲染环境，烘托气氛。不同的构造处理，可以取得不同的装饰效果。例如，可以延伸和扩大空间感，对人的视觉起导向作用；可使人感到亲切、舒适，能满足人们生理和心理环境的需要。如酒店、宾馆、剧院的大厅、门厅、走廊等人流集散的场所，它们的装饰效果往往极大地影响着人的视觉对该建筑物及其空间的第一印象。室内吊顶装饰效果如图 6-2 所示。

a)　　　　　　　　　　　　　　　　b)

c)　　　　　　　　　　　　　　　　d)

图 6-2　室内吊顶装饰效果

（2）改善室内环境，满足使用要求 吊顶的设计不是单纯地考虑是否与室内的装饰艺术风格相协调、一致，而是从改善室内的光环境、热环境及声环境等方面考虑，来改善室内环境和提高舒适度，此外，也要满足人们在民族风格、文化气息、生活习惯、生理、心理等方面的精神需要。照明、通风、保温、隔热、吸声、音响、防火等技术性能直接影响室内环境与使用。例如，剧场、音乐厅的吊顶要以声学要求为主，结合剧场的灯光照明要求，做成多种形式的造型来满足声音的反射、漫反射和吸收以及混响时间的控制等方面的需要。以国家大剧院为例，无论是从打基础、做结构，还是内部设计和材料选择上，无不围绕着声音而进行。在隔音、吸音、制造反射音上都独具匠心。其音乐厅内的吊顶设计，也完美地体现了这一点：国家大剧院音乐厅的天花板像形状不规则的白色浮雕像，似一片起伏的沙丘，又似海浪冲刷的海滩，既突出视觉上的美感，也有利于声音的扩散。吊顶空间敷设保温、隔热材料，或利用吊顶空间形成通风层，可改善室内的热工环境等。所以，利用吊顶内空间能够处理人工照明、空气调节、消防、通信、保温隔热等技术问题，如图6-3、图6-4所示。

图6-3　吊顶排气扇

图6-4　吊顶照明

（3）隐蔽设备管线和结构构件　随着生活质量的日益提高，人们对房间的装饰要求也趋向多样化与复杂化，因此现代建筑的各种管线越来越多，有通风管道、空调设备、照明器具、防火管线、强电线路与弱电线路以及其他有特殊要求的线路管道等。可以充分利用吊顶空间来对各种管线和结构构件进行隐蔽处理，以整洁室内的顶界面，如图6-5所示。

（4）调整室内空间体积和形状　当建筑构件所围合的空间不是很理想的时候，吊顶可以用以调整室内空间的体积和形状，如图6-6所示。

综上所述，吊顶部分既是技术要求相对比较复杂，又是施工难度较大的装饰工程项目。吊顶施工既要满足装饰效果要求，又要综合考虑建筑内部的体量、设备安装情况、建筑功能和技术要求、安全问题以及经济条件等方面的因素。

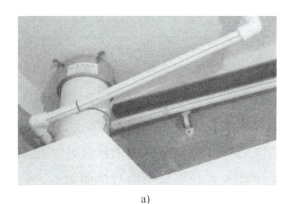
a)

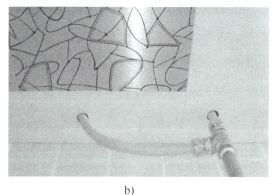
b)

图 6-5　吊顶内隐藏的管线

图 6-6　吊顶改变室内空间形状

6.1.2　吊顶的分类

吊顶一般按照以下几个方面分类。

1. 按吊顶形式分类

按吊顶的形式分为平面式吊顶、凹凸式吊顶、悬吊式吊顶、玻璃式吊顶、井格式吊顶。

（1）平面式吊顶　平面式吊顶是指表面没有任何造型和层次的一种吊顶形式，如图 6-7 所示。这种顶面构造平整、简洁、利落大方，材料也较其他的吊顶形式为省，适用于各种居室的顶面装饰。它常用各种类型的装饰板材拼接而成，也可以表面刷浆、喷涂、裱糊壁纸或墙布等。

（2）凹凸式吊顶　凹凸式吊顶是指表面具有凹入或凸出构造处理的一种吊顶形式，如图 6-8 所示。这种吊顶造型复杂富于变化、层次感强，适用于厅、门厅、餐厅等顶面装饰。它常常与灯具（吊灯、吸顶灯、筒灯、射灯等）搭接使用。

（3）悬吊式吊顶 悬吊式是将各种板材、金属、玻璃等悬挂在结构层上的一种吊顶形式，如图6-9所示。这种吊顶富于变化动感，给人一种耳目一新的美感，常用于宾馆、音乐厅、展馆、影视厅等顶面装饰。常通过各种灯光照射产生出别致的造型，充溢出光影的艺术趣味。

（4）玻璃式吊顶 玻璃式吊顶是利用透明、半透明或彩绘玻璃作为室内顶面的一种吊顶形式，如图6-10所示。这种吊顶主要是为了采光、观赏和美化环境，可以做成圆顶、平顶、折面顶等形式，给人以明亮、清新、室内见天的神奇感觉。

图6-7 平面式吊顶

图6-8 凹凸式吊顶

图6-9 悬吊式吊顶

图6-10 玻璃式吊顶

（5）井格式吊顶 井格式吊顶是利用井字梁因形利导或为了顶面的造型而制作成井格梁形式的一种吊顶，如图6-11所示。这种吊顶配合灯具以及单层或多种装饰线条进行装饰，能丰富天花的造型或对居室进行合理分区。

图 6-11 井格式吊顶

2. 按吊顶装饰的标高分类

按吊顶装饰的标高可分为三种：一级吊顶、二级吊顶、三级及多级吊顶。

（1）一级吊顶 一级吊顶是指整个顶棚呈平面状，其各部分的标高没有变化，或者按装饰工程预算的有关规定，标高差在 200mm 以内的吊顶。在实际工程中，这个标准应视具体情况来定。其特点是造型简洁，整体性、连续感强，适用于较大空间的室内、走廊和住宅的厨房、卫生间等处的顶棚装饰，如图 6-12 所示。

图 6-12 某办公楼吊顶

（2）二级吊顶 二级吊顶是指顶棚因造型需要，有两个不同的标高且标高差超过 200mm 的吊顶。在实际工程中，标高差不超过 200mm 时，应视实际情况去把握是否为二级吊顶。其特点是造型形式多样，构造方法不同，空间感较强，适用于门厅、会议室和住宅的客厅、餐厅处的顶棚装饰，如图 6-13 所示。

图 6-13 客厅二级吊顶

图 6-14 多级吊顶

（3）三级及多级吊顶 三级及多级吊顶是指出于造型的需要，顶棚有三个或三个以上不同的标高，且相邻两级标高相差 200mm 以上的吊顶。三级及多级吊顶造型相对较复杂，层次丰富，豪华气派，空间感强，一般适用于装饰档次较高的宾馆、大型饭店等公共建筑的顶棚装饰，如图 6-14 所示。

3. 其他分类方式

1）按其面层的施工方法分为粘贴式吊顶、装配式板材吊顶等。

2）按吊顶构造层是否显露分为明龙骨吊顶、暗龙骨吊顶等。

3）按面层饰面材料与龙骨的关系不同分为活动装配式吊顶、固定式吊顶等。

4）按其面层材料的不同分为石膏板吊顶、各种金属薄板吊顶、玻璃吊顶等。

5）按结构层承受荷载能力的不同分为上人吊顶和不上人吊顶。

另外还有一些特殊吊顶形式，比如发光吊顶、软膜吊顶等，如图 6-15、图 6-16 所示。

图 6-15 发光吊顶

图 6-16 软膜吊顶

6.1.3 吊顶的组成

吊顶在构造上由吊杆、龙骨骨架和罩面板三大基本部分组成，如图 6-17 所示。

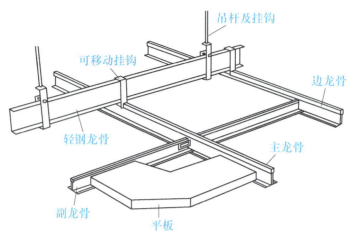

图 6-17 轻钢龙骨吊顶构造组成图

1. 吊杆

吊杆也叫吊筋，是将整个吊顶系统与房屋结构相连接的承重传力构件。

吊杆的主要作用：①承受自身的自重，并将荷载传递给屋面板、楼板、屋顶梁、檩条、屋架等建筑结构层；②通过调整吊杆的长度，可以确定吊顶的空间高度，以适应不同场合、不同层高、不同艺术处理效果的需要。

吊杆的形式和材料选用与吊顶的自重及吊顶所承受的荷载有关，也与龙骨的形式、材料及屋顶承重结构的形式、材料等有关。

（1）吊杆的设置 吊杆与楼屋盖连接的节点称为吊点，吊点应均匀布置。吊杆间距一般不超过 1m，吊杆距主龙骨端部不得大于 300mm，当大于 300mm 时应增加吊杆，以免主龙骨下坠。当吊杆长度大于 1.5m 时应设置反向支撑，如图 6-18 所示。当吊杆与设备相遇时，应调整吊点构造或增设吊杆，以保证吊顶质量。

（2）吊杆与结构的固定 吊杆与结构的连接一般有以下几种方式。

1）吊杆直接插入预制板的板缝，并用细石混凝土灌缝，沿板缝方向通常设置直径为 8~12mm 的钢筋，另将吊杆系于此上并从板缝中伸出，如图 6-19a 所示。

图 6-18 吊杆反向支撑三维示意图

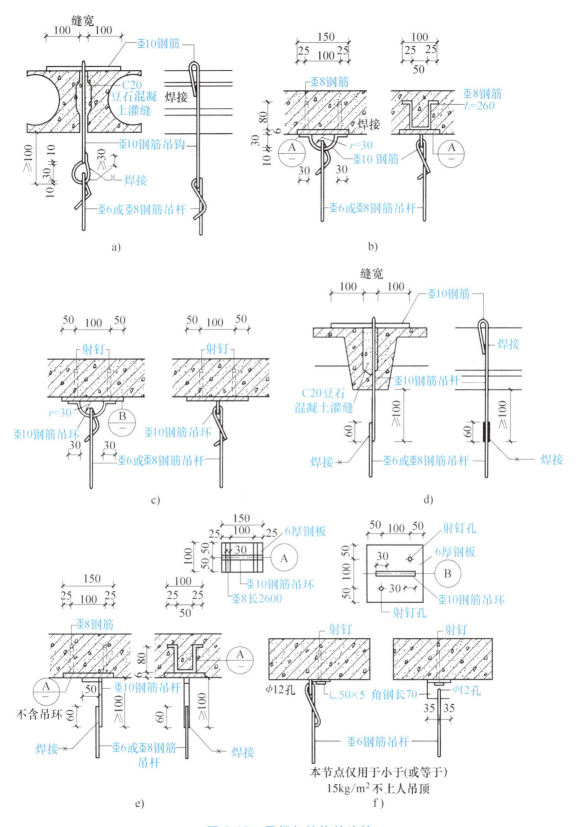

图 6-19　吊杆与结构的连接

2）将吊杆绕于钢筋混凝土梁板底预埋件的焊接半圆环上，如图 6-9b、c 所示。

3）吊杆与预埋钢筋焊接处理，如图 6-19d 所示。

4）通过连接件（钢筋、角钢）两端焊接，使吊杆与结构连接，如图 6-19e、f 所示。

（3）吊杆与龙骨的连接　若为钢杆吊杆木龙骨，则将主龙骨用镀锌钢丝绑扎或螺栓连接；若为钢筋吊杆金属龙骨，则将主龙骨用连接件与吊杆钉接、吊勾或螺栓连接。

需要注意的是：在吊顶工程中，对于吊杆的设置、吊点的位置、吊杆的用料及截面尺寸、吊杆与结构的连接方式，必须严格按照设计图纸的要求进行，以免发生吊顶变形及塌落的现象。

2. 龙骨骨架

吊顶龙骨骨架是由各种大小的龙骨组成，其作用是支承固定顶棚的罩面板并承受作用在吊顶上的其他附加荷载，并将荷载通过吊杆传递给承重结构。吊顶的骨架层也是吊顶艺术造型的主体轮廓，为了满足室内空间顶部界面的装饰要求，呈现出风格迥异的外观形式，需要借助吊顶骨架体系构筑的基本形态作为依托。可以说，吊顶的各种造型变化，无一不是由龙骨的变化而形成的。同时，吊顶空间形成的必要条件是存在吊顶的骨架层，基于楼面结构层与吊顶之间的空间来安装设备及管线。

吊顶结构的骨架主要由主龙骨、次龙骨、横撑龙骨组成。主龙骨又叫大龙骨、大格栅、主格栅、主梁等，次龙骨又叫小龙骨、小格栅、次格栅、小梁、次梁等。

（1）龙骨的布置　主龙骨一般按房间尺寸的短向设置，并直接与吊杆连接。主龙骨吊点间距，应按设计推荐系列选择，中间部分应起拱，金属龙骨起拱高度应不小于房间短向跨度的 1/200。主龙骨安装后应及时校正其位置和标高。

次龙骨一般垂直于主龙骨设置，并通过钉、扣件、吊件等连接件与主龙骨连接，并紧贴主龙骨安装。次龙骨的间距视板材的规格尺寸而定，但不得大于 600mm，在南方和比较潮湿地区及场所，间距宜为 300~400mm。当用自攻螺钉安装板材时，板材的接缝处必须安装在宽度不小于 40mm 的次龙骨上。边龙骨应按设计图纸的要求弹线，固定于四周墙上。

（2）常用龙骨

1) 轻钢龙骨。吊顶用轻钢龙骨是以镀锌钢带、薄壁冷轧退火卷带为原材料，经冷弯或冲压而成的吊顶骨架的连接材料，具有自重轻、刚度大、防火、耐锈蚀、抗衰老等性能，便于加工、安装，可装配各种类型的石膏板、钙塑板、吸音板等。它广泛用于各种民用建筑以及轻纺工业厂房等场所，对室内装饰造型、隔声等功能起到良好的效果。

轻钢龙骨的厚度从 0.4mm 到 2.0mm 不等，分为 D38（UC38）、D50（UC50）和 D60（UC60）三个系列。按断面形式有 U 型、C 型、T 型及 L 型，如图 6-20、图 6-21 所示。吊顶龙骨代号 D，从型号上又分 50 型、75 型、100 型和 150 型。产品标记顺序如下：

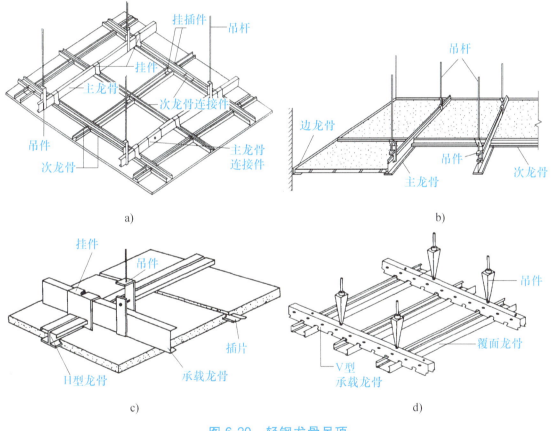

a)

b)

c)

d)

图 6-20 轻钢龙骨吊顶

a）U 型龙骨吊顶 b）T 型龙骨吊顶

c）H 型龙骨吊顶 d）V 型直卡式龙骨吊顶

产品名称、代号、断面形状的宽度、高度、钢板带厚度和标准号。

示例：断面形状为 U 型，宽度为 50mm，高度为 15mm，钢板带厚度为 1.2mm 的吊顶承载龙骨标记如下：

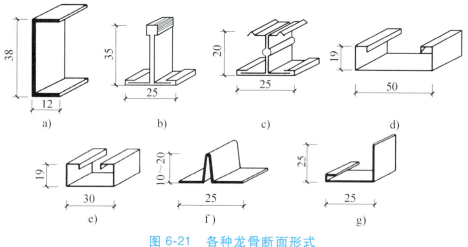

图 6-21 各种龙骨断面形式

a）主龙骨　b）～d）次龙骨　e）、f）间距龙骨　g）边龙骨

建筑用轻钢龙骨　DU50×15×1.2　GB/T11981—2008

轻钢龙骨吊顶的配件主要有吊件、挂件、连接件及挂插件等，如图 6-22～图 6-24 所示。

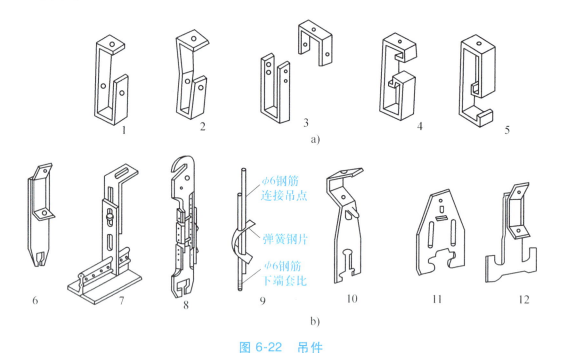

图 6-22 吊件

a）U 型轻钢龙骨吊件　b）T 型及 C 型龙骨吊件

2）铝合金龙骨。吊顶用铝合金龙骨是以铝带、铝合金型材等为原料，经冷弯或冲压而成的吊顶骨架连接材料，具有轻钢龙骨相应的优点，特别适用于酸雨地带。

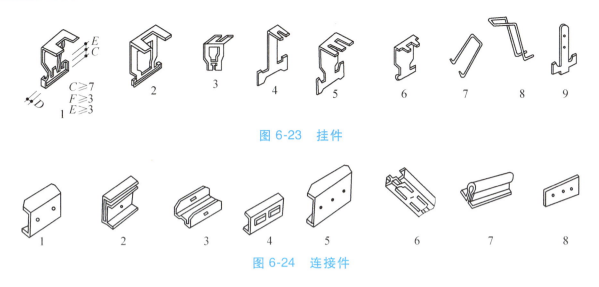

图 6-23　挂件

图 6-24　连接件

铝合金龙骨常用的有 T 型、U 型、LT 型及特制龙骨。应用最多的是 LT 型龙骨。LT 型龙骨主要由大龙骨、中龙骨、小龙骨、边龙骨及各种连接件组成，如图 6-25 所示。大龙骨也分为轻型系列、中型系列、重型系列。

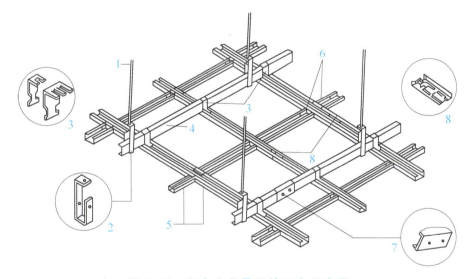

图 6-25　铝合金龙骨配件组合示意图

1—吊杆　2—吊件　3—挂件　4—主龙骨　5—次龙骨

6—龙骨支托（挂插件）　7—连接件　8—插接件

3. 罩面板

罩面板是吊顶的底下面层，它不仅可以起到装饰室内空间的作用，还可以利用不同类型、不同材料的面板起到吸声、反射等一些特定功能。面层的构造设计通常要结合灯具、风口布置等一起进行。吊顶用罩面板品种繁多，其中，最常用的是板材类。常见的吊顶罩面板材料及特性见表 6-1。

表 6-1　常见的吊顶罩面板材料及特性

名称	材料性能	适用范围	实物
纸面石膏板	质量轻、强度高、阻燃防火、保温隔热,可锯、钉、刨、粘贴,加工性能好,施工方便	各类公共建筑的顶棚	
矿棉吸声板	质量轻、吸声、防火、保温隔热、美观、施工方便	公共建筑的顶棚	
珍珠岩吸声板	质量轻、防火、防潮、防蛀、耐酸,装饰效果好,可锯、可割,施工方便	各类公共建筑的顶棚	
钙塑泡沫吸声板	质量轻、吸声、隔热、耐水、施工方便	各类公共建筑的顶棚	
金属穿孔吸声板	质量轻、强度高、耐高温、耐压、耐腐蚀、防火、防潮、化学稳定性好、组装方便	各类公共建筑的顶棚	
埃特板（纤维水泥板）	强度高、防火、防潮、防水、隔音效果好、环保、安装快捷、使用寿命长	各类公共建筑的顶棚	
铝扣板	质量轻、吸声、防火、保温隔热、美观、施工方便	各类公共建筑的顶棚	

（续）

名称	材料性能	适用范围	实物
硅钙板 （石膏复合板）	质轻、强度高、防潮、防腐蚀、防火、再加工方便	各类公共建筑的顶棚	
软膜天花	防火、防水、节能、防菌、吸声、抗老化,造型多样、安装方便	各类公共建筑的顶棚	

罩面板与龙骨之间的连接一般需要连接件、紧固件等连接材料,有卡、挂、搁等连接方式。

6.1.4 吊顶施工图

吊顶安装的施工图纸,一般以装饰施工设计蓝图为主,配以相应的标准图和施工单位有关技术人员绘制的施工翻样图。有些小型的装饰工程,设计师仅仅提供装饰方案图,因此,需要施工单位自行绘制相应的装饰施工翻样图,以指导具体的施工操作。

吊顶施工图与建筑施工图一样,是从表现方式分析,能够比较完整地反映出吊顶装饰设计要求与内容的图纸,包括吊顶装饰效果图、吊顶平面图、吊顶剖面图、节点详图、设计或施工说明、用料表等。

1. 吊顶平面图

（1）吊顶平面图的形成　吊顶平面图（表达室内吊顶的装修等构造）通常用镜像投影法绘制。

当采用几何投影的方式来表达某些工程构造或布置,或是特别复杂的结构时,若按照向下投影的方式去画图,那么所绘制出的平面图就会出现太多虚线,给看图带来不便。如果假想将一镜面放在物体的下面来替代水平投影面,那么在镜面中反射得到的视图,称为镜像视图,这种方法就称为镜像投影法,如图6-26所示。

按吊顶平面图所反映的内容,其平面图分为吊顶平面布置图（图6-27）、吊

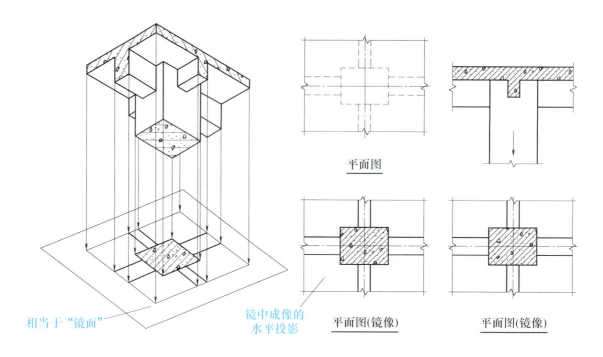

平面图

平面图(镜像)　　　　　平面图(镜像)

相当于"镜面"　　　镜中成像的
水平投影

图 6-26　镜像投影法

顶结构平面布置图（图 6-28）、吊顶设备管线布置平面图（图 6-29）等。

顶面造型需要在吊顶的位置将 1∶1 的投影放到地面上，灯位、烟感、喷淋、喇叭、检修口、下风口都需要在地面上反映出来。每层次的标高尺寸还得用红色自喷漆标注在地面（图 6-30）。

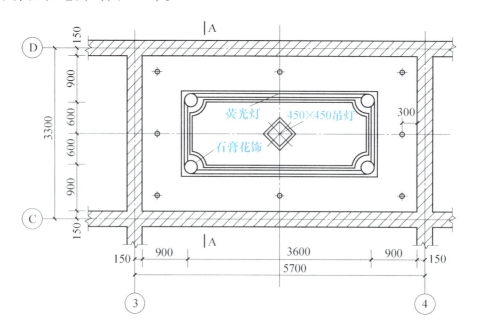

荧光灯　　450×450吊灯

石膏花饰

图 6-27　吊顶平面布置图

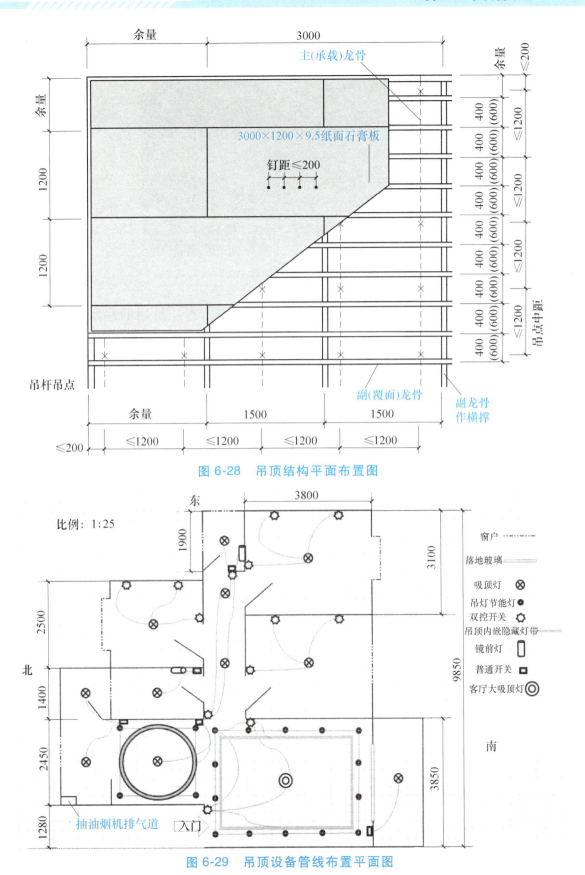

图 6-28 吊顶结构平面布置图

图 6-29 吊顶设备管线布置平面图

图 6-30　现场顶面放线

（2）吊顶平面图的识读　吊顶平面图的主要内容有：吊顶的造型（如藻井、叠级、装饰线等）、灯饰、空调风口、排气扇、消防设施（如烟感器等）的轮廓线；条块状饰面材料的排列方向线；建筑主体结构的主要轴线、编号或主要尺寸；吊顶的各类设施的定形定位尺寸、标高；吊顶的各类设施、各部位的饰面材料、涂料的规格、名称、工艺说明等；索引符号、剖面及断面等符号的标注。

2. 吊顶剖面图

吊顶剖面图反映了吊顶的凹凸情况，其制图与建筑剖面图的要求一致。吊顶剖面图标注出各个装饰部件的安置标高。室内装饰设计施工图中，房间的标高尺寸，一般以本房间的楼地面建筑标高为零点，以它为基准标注各有关部位的标高值。同时，还反映出吊顶组成部分的垂直分布位置，表明结构骨架层与饰面层之间的上下关系等，如图 6-31 所示。

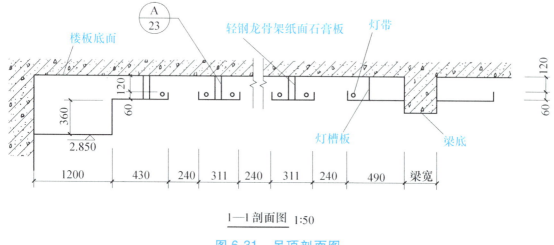

1—1 剖面图　1:50

图 6-31　吊顶剖面图

3. 节点详图

通常以大比例的图式，详细地表明吊顶的某个部位、某个节点、某个杆件的构造方式及施工要求，如图 6-32 所示。

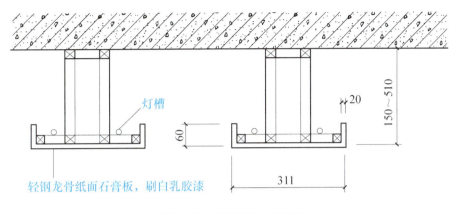

图 6-32 吊顶节点详图

任务 6.2 轻钢龙骨吊顶施工

6.2.1 工艺流程及施工要点

1. 施工结构图及施工说明

首先，要阅读图纸的说明部分，即施工图纸中的设计或施工说明，其一般位于图纸总目录后的第一部分，主要表达吊顶的材料要求、杆件表面的装饰处理，施工技术注意事项、使用规范等内容，阅读时不可遗漏。

2. 工艺流程

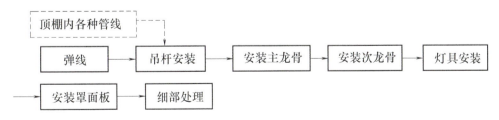

3. 施工要点

（1）弹线 弹线包括弹标高线、顶棚造型位置线、吊挂点布置线、大中型灯位线，在地面放出各暖通、消防、灯具及装饰造型位置线，以确定其合理性，便于进一步深化，如图 6-33 所示。

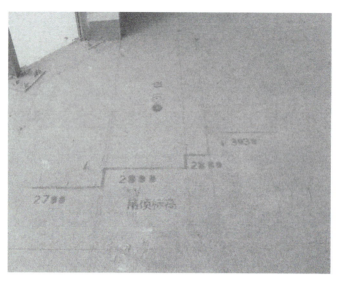

图 6-33　吊顶弹线

（2）弹线检查　弹线工序完成后，应对所弹标高线、吊点位置线等进行检查复量，如有遗漏或尺寸错误之处，均应彻底补充纠正。另外根据所弹出的吊顶标高线，检查吊顶标高位置与吊顶全部设备、管线、管道等有无矛盾之处，若有问题应与具体设计单位联系解决。

（3）吊杆制作与固定　预制钢筋混凝土楼板设吊杆，应在主体施工时预埋吊杆。当无预埋时应用膨胀螺栓固定，并保证连接强度。现浇钢筋混凝土楼板设吊杆，可以预埋吊杆，也可以用膨胀螺栓或射钉固定吊杆。

（4）吊装轻钢龙骨架　龙骨的安装可先安主龙骨后安次龙骨，也可主次龙骨一次安装。

1）安装主龙骨。将主龙骨与吊杆通过垂直吊挂件连接，主龙骨应吊挂在吊杆上，主龙骨间距 900～1000mm。主龙骨宜平行房间长向安装，同时应起拱，起拱高度为房间短边跨度的 1/200，办公室、客房等小开间应按房间短向跨度的千分之一至千分之三。主龙骨的悬臂段不应大于 300mm，否则应增加吊杆。主龙骨的接长可采取对接并铆固，相邻龙骨的对接接头要相互错开，如图 6-34 所示。

如图 6-35 所示，吊顶如设检修走道（马道），应按设计图纸安装，尽量使用角钢制作。走道所铺木板必须进行防火处理。另外，在隐蔽验收时，做好相关签证工作。

2）安装次龙骨、横撑龙骨。主龙骨安装完毕吊牢后，将轻钢龙骨用挂件与主龙骨连挂牢固。次龙骨应定位准确，与主龙骨十字交叉紧贴主龙骨安装，并与

图 6-34　主龙骨的接头位置

图 6-35　检修走道

主龙骨扣牢，不得有松动不牢及歪曲不直之处。次龙骨安装时，应从主龙骨一端开始，向另一端逐根安装。次龙骨需接长时，用次龙骨连接件，在吊挂次龙骨处相接，调直固定。龙骨的收边分格应放在不被人注意的部位或吊顶的四周。覆面（次）龙骨与承载（主）龙骨的连接如图 6-36，注意主次龙骨的连接。

次龙骨与墙连接处，次龙骨与次龙骨连接处均应留 10mm 宽膨胀缝。根据具体设计要求，凡是应加横撑龙骨之处均按设计将横撑龙骨用连接件予以安装牢固。

3）边龙骨固定。边龙骨宜沿墙面或柱面标高线钉牢（图 6-37）。固定时，一般常用高强水泥钉，钉的间距不宜大于 500mm。如果基层材料强度较低，紧

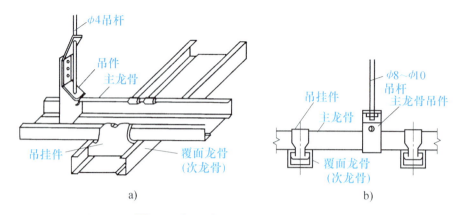

图 6-36　覆面（次）龙骨与承载（主）龙骨的连接

a）不上人型吊顶吊杆与主次龙骨连接　b）上人型吊顶吊杆与主次龙骨连接

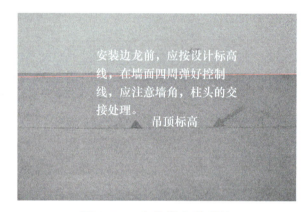

安装边龙前，应按设计标高线，在墙面四周弹好控制线，应注意墙角，柱头的交接处理。
吊顶标高

图 6-37　边龙骨安装弹线

固力不好，应采取相应的措施，改用膨胀螺栓或加大钉的长度等办法。边龙骨一般不承重，只起封口作用。

（5）灯具安装　对于顶棚来说，一般直接与顶棚结合的有嵌入式灯具、通电式轨道灯等，如图 6-38 所示。不直接与顶棚结合的灯具有吊灯。

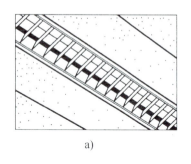　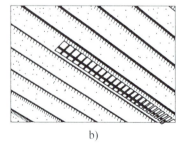　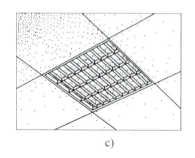

a)　　　　　　　　　　b)　　　　　　　　　　c)

图 6-38　几种照明方式与顶棚结合

a）条块式灯具与条式顶棚的组合　b）条式灯具与条式顶棚的组合

c）块式灯具与方板式顶棚的组合

（6）安装罩面板　对于轻钢龙骨吊顶，罩面板材安装方法有明装、暗装、半隐装三种。

明装是纵横T型龙骨骨架均外露、饰面板只要搁置在T型两翼上即可的一种方法。暗装是饰面板边部有企口，嵌装后骨架不暴露。半隐装是饰面板安装后外露部分骨架的一种方法。

罩面板待顶棚内的管线验收合格后方可安装。安装前应按罩面板的规格分块弹线，从顶棚中间顺通长次龙骨方向先装一行罩面板作为基准，然后向两侧延伸分行安装。

（7）细部处理

1）吊顶的边部节点构造。轻钢龙骨纸面石膏板吊顶与墙、柱立面结合部位，一般处理方法归纳为三类：一是平接式，二是留槽式，三是间隙式，如图6-39所示。

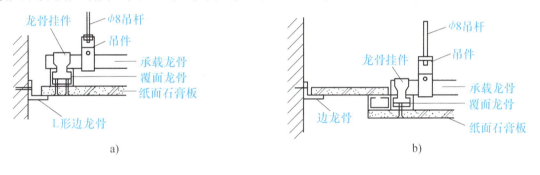

a)　　　　　　　　　　　　　　　b)

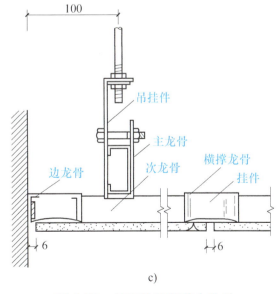

c)

图6-39　吊顶的边部节点构造

a）平接式　b）留槽式　c）间隙式

2）吊顶与隔墙的连接。轻钢龙骨吊顶与轻质隔墙相连接时，隔墙的横龙骨（沿顶龙骨）与吊顶的承载龙骨用 M6 螺栓紧固；吊顶的覆面龙骨依靠龙骨挂件与承载龙骨连接；覆面龙骨的纵横连接则依靠龙骨支托；吊顶与隔墙面层的纸面石膏板相交的阴角处，固定金属护角。吊顶与隔墙的连接如图 6-40 所示。

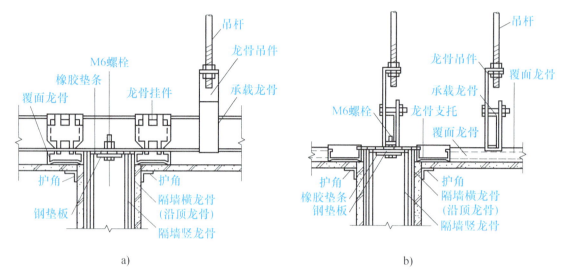

图 6-40　吊顶与隔墙的连接

a）垂直交叉连接图　b）同方向对中连接图

6.2.2　质量验收标准

以轻钢龙骨为骨架的整体面层吊顶和板块面层吊顶，常采用石膏板、金属板、塑料板和复合板等作为面层材料。以下介绍通用的验收标准。

1. 一般规定

1）吊顶工程验收时应检查下列文件和记录：

① 吊顶工程的施工图、设计说明及其他设计文件。

② 材料的产品合格证书、性能检测报告、进场验收记录和复验报告。

③ 隐蔽工程验收记录。

④ 施工记录。

2）吊顶工程应对人造木板的甲醛含量进行复验。

3）吊顶工程应对下列隐蔽工程项目进行验收：

① 吊顶内管道、设备的安装及水管试压。

② 木龙骨防火、防腐处理。

③ 埋件。

④ 吊杆安装。

⑤ 龙骨安装。

⑥ 填充材料的设置。

⑦ 反支撑及钢结构转换层。

2. 主控项目

1）吊顶标高、尺寸、起拱和造型应符合设计要求。

检验方法：观察；尺量检查。

2）面层材料的材质、品种、规格、图案和颜色应符合设计要求及国家现行标准的相关规定。当面层材料为玻璃板时，应使用安全玻璃并采取可靠的安全措施。

检验方法：观察；检查产品合格证书、性能检测报告、进场验收记录和复验报告。

3）吊杆和龙骨的材质、规格、安装间距及连接方式应符合设计要求。金属吊杆、龙骨应经过表面防腐处理。

检验方法：观察；尺量检查；检查产品合格证书、性能检测报告、进场验收记录和隐蔽工程验收记录。

4）石膏板、水泥纤维板的接缝应按其施工工艺标准进行板缝防裂处理。安装双层时，面层板与基层板的接缝应错开，并不得在同一根龙骨上接缝。

检验方法：观察。

3. 一般项目

1）饰面材料表面应洁净、色泽一致，不得有翘曲、裂缝及缺损。压条应平直、宽窄一致。

检验方法：观察；尺量检查。

2）面板上的灯具、烟感器、喷淋头、风口箅子等设备的位置应合理、美观，与饰面板的交接应吻合、严密。

检验方法：观察。

3）金属龙骨的接缝应均匀一致，角缝应吻合，表面应平整，无翘曲、锤印。

检验方法：检查隐蔽工程验收记录和施工记录。

4）吊顶内填充吸声材料的品种和铺设厚度应符合设计要求，并应有防散落措施。

检验方法：检查隐蔽工程验收记录和施工记录。

5）整体面层吊顶工程安装的允许偏差和检验方法应符合表 6-2 的规定。

表 6-2　整体面层吊顶工程安装的允许偏差和检验方法

项次	项目	允许偏差/mm	检验方法
1	表面平整度	3	用 2m 靠尺和塞尺检查
2	缝格、凹槽直线度	3	拉 5m 线，不足 5m 拉通线，用钢直尺检查

6）板块面层吊顶工程安装的允许偏差和检验方法应符合表 6-3 的规定。

表 6-3　板块面层吊顶工程安装的允许偏差和检验方法

项次	项目	允许偏差/mm				检验方法
		石膏板	金属板	矿棉板	木板、塑料板、玻璃板、复合板	
1	表面平整度	3	2	3	2	用 2m 靠尺和塞尺检查
2	接缝直线度	3	2	3	3	拉 5m 线，不足 5m 拉通线，用钢直尺检查
3	接缝高低差	1	1	2	1	用钢直尺和塞尺检查

任务 6.3　铝板吊顶施工（室外）

6.3.1　准备工作

1. 材料准备

按施工设计图纸计算所需材料的种类、规格和数量，留有 5%～8% 的余量，特别是要首先确定主龙骨的走向，一旦施工中改变主龙骨的走向，其他材料均受到影响。所有材料要分类堆放，注意防雨、防潮，堆放时离地面 10cm 以上。

2. 技术准备

首先审查图纸，制定施工方案，绘制出主龙骨走向及分格图，制定各孔洞处的专门施工方法，完善所有节点详图，并进行技术交底。

6.3.2　工艺流程及施工要点

1. 工艺流程

基层处理→划线定位→悬吊件安装→龙骨安装→铝板安装。

2. 安装顺序

悬吊件安装→主次龙骨安装→铝板安装→面层处理。

3. 施工要点

（1）基层处理　吊顶基层必须有足够的强度，检查已安好的通风、线路，有无未完成的工作，检查合格后方可进行吊顶安装。

（2）划线　安装前应做好放线工作。按设计标高找出顶棚面水平基准点，并采用充有颜色水的塑料细管，根据水平面确定墙壁四周其他若干个顶棚面标高基准点，用墨线打出顶棚与墙壁相交的封闭线。如发现有较大偏差，要及时采取相应的补救措施。

为确保龙骨分格的对称性，要在顶棚基层面上找出对称十字线，并以此十字线，按吊顶龙骨的分格尺寸打出若干条横竖相交的线，作为固定龙骨挂件的固定点，即埋设膨胀螺栓或采用射钉枪的位置。

（3）龙骨连接固定　按照已弹好的线，将准备好的连接件固定，之后按顺序装龙骨架，悬吊件采用镀锌钢筋，并焊接成伸缩式吊件，焊缝等级为三级。

（4）面层处理　用棉布擦试干净，成品如图6-41所示。

图6-41　室外铝板吊顶

项目7 隔墙与隔断装饰施工

【导读】

本项目介绍各类型隔断与隔墙的施工工艺及施工要点。

【知识目标】

掌握本项目内容涉及的各类型隔断与隔墙的施工工艺流程。

【能力目标】

能够根据标准施工工艺流程及施工要点进行工程质量控制与检验。

任务 7.1 隔墙与隔断知识概述

7.1.1 隔墙与隔断的区别

1. 性质不同

1）隔墙：分隔建筑物内部空间的墙，如图 7-1 所示。

2）隔断：专门作为分隔室内空间的立面，应用更加灵活，如图 7-2 所示。

2. 特点不同

（1）隔墙特点

1）非承重墙体：不承受外部荷载。

2）重量轻、厚度薄、安装方便。

3）符合隔音要求。

4）符合防潮、防火要求。

5）主要功能是分离。

（2）隔断特点　隔断在区域中既起到分割空间的作用，但同时它并不像整面墙那样将起居室完全分隔开，而是在分隔中连接起来，在分隔中具有连续性。虚拟与现实相结合，使分区成为办公装饰中一个具有巨大创意空间的项目，成为企业和建筑师展现个性与才华的一个焦点。

图 7-1　隔墙

图 7-2　隔断

7.1.2　主要类型

1. 隔墙分类

（1）块材隔墙　分为普通砖隔墙和砌块隔墙。

（2）轻质骨架隔墙　轻质骨架隔断墙是由骨架和面层组成的，由于先立墙筋（骨架），再做面层，所以称为竖肋隔断墙。

（3）板材隔墙　板材隔墙是一种不用框架就可以直接拼装的隔断，各种轻质板的高度等于房间的净高。目前多采用条板、如碳化石灰板、加气混凝土条板、多孔石膏条板、纸蜂窝板、水泥刨花板、复合板等。

2. 隔断分类

（1）按材料　钢质隔断、玻璃隔断、铝合金隔断、木质屏风。

（2）按用途　办公隔断、卫生间隔断、客厅隔断、橱窗隔断。

（3）按形状　高隔断、中隔断。

（4）按性质　固定隔断、移动隔断。

任务 7.2　轻质隔墙工程施工

7.2.1　板材隔墙

1. 适用范围

适用于工业与民用建筑中木龙骨板材隔墙工程。

2. 工艺流程

弹隔墙定位线→划龙骨分档线→安装主龙骨→安装次龙骨→防腐处理→安装罩面板→安装压条。

3. 施工要点

（1）弹线　在基体上弹出水平线和竖向垂直线，以控制隔断龙骨安装的位置、格栅的平直度和固定点。

（2）墙龙骨的安装

1）沿弹线位置固定沿顶和沿地龙骨，各自交接后的龙骨应保持平直。固定点间距应不大于 1m，龙骨的端部必须固定，固定应牢固。边框龙骨与基体之间，应按设计要求安装密封条。

2）门窗或特殊节点处，应使用附加龙骨，其安装应符合设计要求。

3）骨架安装的允许偏差，应符合表 7-1 规定。

表 7-1　板材隔断墙骨架允许偏差

项次	项目	允许偏差/mm	检验方法
1	立面垂直	2	用 2m 托线板检查
2	表面平整	2	用 2m 直尺和楔形塞尺检查

（3）罩面板安装

1）石膏板安装。安装石膏板前，应对预埋隔断中的管道和附于墙内的设备采取局部加强措施。

石膏板宜竖向铺设，长边接缝宜落在竖向龙骨上。双面石膏罩面板安装，应与龙骨一侧的内外两层石膏板错缝排列，接缝不应落在同一根龙骨上。需要隔声、保温、防火的应根据设计要求在龙骨一侧安装好石膏罩面板后，进行隔声、保温、防火等材料的填充。一般采用玻璃丝棉或 30～100mm 岩棉板进行隔声、防火处理，采用 50～100mm 苯板进行保温处理。再封闭另一侧的板。

石膏板应采用自攻螺钉固定。周边螺钉的间距不应大于200mm，中间部分螺钉的间距不应大于300mm，螺钉与板边缘的距离应为16mm。

安装石膏板时，应从板的中部开始向板的四边固定。钉头略埋入板内，但不得损坏纸面；钉眼应用石膏腻子抹平；钉头应做防锈处理。

石膏板应按框格尺寸裁割准确；就位时应与框格靠紧，但不得强压。

隔墙端部的石膏板与周围的墙或柱应留有3mm的槽口。施铺罩面板时，应先在槽口处加注嵌缝膏，然后铺板并挤压嵌缝膏使面板与邻近表层接触紧密。

在丁字形或十字形相接处，如为阴角应用腻子嵌满，贴上接缝带，如为阳角应做护角。石膏板的接缝可参照钢骨架板材隔墙处理。

2）胶合板和纤维（埃特板）板、人造木板安装。安装胶合板、人造木板的基体表面，需用卷材、釉质防潮时，应铺设平整，搭接严密，不得有皱折、裂缝和透孔等。

胶合板、人造木板采用直钉固定，如用钉子固定，钉距为80~150mm，钉帽应打扁并钉入板面0.5~1mm，钉眼用油性腻子抹平。胶合板、人造木板如涂刷清油等涂料，相邻板面的木纹和颜色应近似。需要隔声、保温、防火的应根据设计要求在龙骨安装好后，进行隔声、保温、防火等材料的填充；一般采用玻璃丝棉或30~100mm岩棉板进行隔声、防火处理，采用50~100mm苯板进行保温处理，再封闭罩面板。

墙面用胶合板、纤维板装饰时，阳角处宜做护角。硬质纤维板应用水浸透，自然阴干后安装。

胶合板、纤维板用木压条固定时，钉距不应大于200mm，钉帽应打扁，并钉入木压条0.5~1mm，钉眼用油性腻子抹平。

用胶合板、人造木板、纤维板作罩面时，应符合防火的有关规定。在湿度较大的房间，不得使用未经防水处理的胶合板和纤维板。

墙面安装胶合板时，阳角处应做护角，以防板边角损坏，并可增加装饰。

3）塑料板安装。塑料板安装方法一般有粘贴和钉接两种。

① 粘贴：聚氯乙烯塑料装饰板用胶黏剂粘贴。常用胶黏剂有聚氯乙烯胶黏剂（601胶）或聚醋酸乙烯胶。操作时，用刮板或毛刷同时在墙面和塑料板背面涂刷，不得有漏刷。涂胶后当胶液流动性显著消失，用手接触胶层感到黏性较大时，即可粘贴。粘贴后应采用临时固定措施，同时将挤压在板缝中多余的胶液刮除、将板面擦净。

② 钉接。安装塑料贴面板复合板应预先钻孔，再用木螺钉加垫圈紧固（也可用金属压条固定）。木螺钉的钉距一般为 400~500mm，排列应一致整齐。

加金属压条时，应将横竖通线拉直，并应先用钉子将塑料贴面复合板临时固定，然后加盖金属压条，用垫圈找平固定。

4）铝合金装饰条板安装。用铝合金条板装饰墙面时，可用螺钉直接固定在结构层上，也可用锚固件悬挂或嵌卡的方法，将板固定在墙筋上。

4. 质量标准

（1）主控项目

1）骨架木材和罩面板材质、品种、规格、式样应符合设计要求和施工规范的规定。

2）木骨架必须安装牢固，无松动，位置正确。

3）罩面板无脱层、翘曲、折裂、缺楞掉角等缺陷，安装必须牢固。

（2）基本项目

1）木骨架应顺直，无弯曲、变形和劈裂。

2）罩面板表面应平整、洁净，无污染、麻点、锤印，颜色一致。

3）罩面板之间的缝隙或压条，宽窄应一致，整齐、平直，压条与板接封严密。

4）板材隔墙面板安装的允许偏差，见表 7-2。

表 7-2　板材隔墙面板安装的允许偏差

项次	项目	允许偏差/mm					检验方法
		纸面石膏板	埃特板	多层板	硅钙板	人造木板	
1	立面垂直度	3	3	3	3	3	用 2m 垂直检测尺检查
2	表面平整度	2	2	2	2	2	用 2m 靠尺和塞尺检查
3	阴阳角方正	3	3	3	3	3	用直角检测尺检查
4	接缝直线度	—	—	—	—	3	拉 5m 线，不足 5m 拉通线用钢直尺检查
5	压条直线度	2	2	2	2	2	拉 5m 线，不足 5m 拉通线用钢直尺检查
6	接缝高低差	1	1	1	1	1	用钢直尺和塞尺检查

7.2.2　轻钢龙骨隔断墙施工

1. 适用范围

适用于工业与民用建筑中轻钢龙骨人造板隔墙安装工程。

2. 工艺流程

弹线→安装天地龙骨→竖向龙骨分档→安装竖向龙骨→安装系统管、线→安装横向卡档龙骨→安装门洞口框→安装罩面板（一侧）→安装隔音棉→安装罩面板（另一侧）。

3. 施工要点

（1）弹线　在基体上弹出水平线和竖向垂直线，以控制隔断龙骨安装的位置、龙骨的平直度和固定点。

（2）隔断龙骨的安装

1）沿弹线位置固定沿顶和沿地龙骨，各自交接后的龙骨，应保持平直。固定点间距应不大于1000mm，龙骨的端部必须固定牢固。边框龙骨与基体之间，应按设计要求安装密封条。

2）当选用支撑卡系列龙骨时，应先将支撑卡安装在竖向龙骨的开口上，卡距为400~600mm，距龙骨两端的为20~25mm。

3）选用通贯系列龙骨时，高度低于3m的隔墙安装一道，3~5m时安装两道，5m以上时安装三道。

4）门窗或特殊节点处，应使用附加龙骨，加强其安装应符合设计要求。

5）隔断的下端如用木踢脚板覆盖，隔断的罩面板下端应离地面20~30mm；如用大理石、水磨石踢脚，罩面板下端应与踢脚板上口齐平，接缝要严密。

6）骨架安装的允许偏差，应符合表7-3规定。

表7-3　轻钢龙骨隔断墙骨架允许偏差

项次	项目	允许偏差/mm	检验方法
1	立面垂直	2	用2m托线板检查
2	表面平整	2	用2m直尺和楔形塞尺检查

（3）石膏板安装

1）安装石膏板前，应对预埋隔断中的管道和附于墙内的设备采取局部加强措施。

2）石膏板应竖向铺设，长边接缝应落在竖向龙骨上。

3）双面石膏罩面板安装，应与龙骨一侧的内外两层石膏板错缝排列接缝不应落在同一根龙骨上。需要隔声、保温、防火的应根据设计要求在龙骨一侧安装好石膏罩面板后，进行隔声、保温、防火等材料的填充。一般采用玻璃丝棉或30～100mm 岩棉板进行隔声、防火处理；采用 50～100mm 苯板进行保温处理。再封闭另一侧的板。

4）石膏板应采用自攻螺钉固定。周边螺钉的间距不应大于 200mm，中间部分螺钉的间距不应大于 300mm，螺钉与板边缘的距离应为 10～16mm。

5）安装石膏板时，应从板的中部开始向板的四边固定。钉头略埋入板内，但不得损坏纸面；钉眼应用石膏腻子抹平。

6）石膏板应按框格尺寸裁割准确；就位时应与框格靠紧，但不得强压。

7）隔墙端部的石膏板与周围的墙或柱应留有 3mm 的槽口。施铺罩面板时，应先在槽口处加注嵌缝膏，然后铺板并挤压嵌缝膏使面板与邻近表层接触紧密。

8）在丁字形或十字形相接处，如为阴角应用腻子嵌满，贴上接缝带；如为阳角应做护角。

9）石膏板的接缝，一般应 3～6mm 缝，必须坡口与坡口相接。

（4）胶合板和纤维复合板安装

1）安装胶合板的基体表面，用卷材、釉质防潮时，应铺设平整，搭接严密，不得有皱折、裂缝和透孔等。

2）胶合板如用钉子固定，钉距为 80～150mm，宜采用直钉或∩形钉固定。需要隔声、保温、防火的隔墙，应根据设计要求，在龙骨一侧安装好胶合板罩面板后，进行隔声、保温、防火等材料的填充。一般采用玻璃丝棉或 30～100mm 岩棉板进行隔声、防火处理；采用 50～100mm 苯板进行保温处理。再封闭另一侧的罩面板。

3）胶合板如涂刷清油等涂料，相邻板面的木纹和颜色应近似。

4）墙面用胶合板、纤维板装饰时，阳角处宜做护角。

5）胶合板、纤维板用木压条固定时，钉距不应大于 200mm，钉帽应打扁，并钉入木压条 0.5～1mm，钉眼用油性腻子抹平。

6）用胶合板、纤维板作罩面时，应符合防火的有关规定。在湿度较大的房间，不得使用未经防水处理的胶合板和纤维板。

（5）塑料板罩面安装　塑料板罩面安装方法，一般有粘贴和钉接两种。

1）粘贴：聚氯乙烯塑料装饰板用胶黏剂粘贴。

① 胶黏剂：聚氯乙烯胶黏剂（601胶）或聚醋酸乙烯胶。

② 操作方法：用刮板或毛刷同时在墙面和塑料板背面涂刷，不得有漏刷。涂胶后当胶液流动性显著消失，用手接触胶层感到黏性较大时，即可粘贴。粘贴后应采用临时固定措施，同时将挤压在板缝中多余的胶液刮除、将板面擦净。

2）钉接：安装塑料贴面板复合板应预先钻孔，再用木螺钉加垫圈紧固（也可用金属压条固定）。木螺钉的钉距一般为400~500mm，排列应一致整齐。

加金属压条时，应将横竖通线拉直，并应先用钉子将塑料贴面复合板临时固定，然后加盖金属压条，用垫圈找平固定。

需要隔声、保温、防火的应根据设计要求在龙骨一侧安装好塑料贴面复合板，进行隔声、保温、防火等材料的填充。一般采用玻璃丝棉或30~100mm岩棉板进行隔声、防火处理；采用50~100mm苯板进行保温处理。再封闭另一侧的罩面板。

（6）铝合金装饰条板安装　用铝合金条板装饰墙面时，可用螺钉直接固定在结构层上，也可用锚固件悬挂或嵌卡的方法，将板固定在轻钢龙骨上，或将板固定在墙筋上。

（7）细部处理　墙面安装胶合板时，阳角处应做护角，以防板边角损坏，阳角的处理应采用刨光起线的木质压条，以增加装饰。

轻钢龙骨隔断墙施工如图7-3、图7-4所示。

图7-3　轻钢龙骨隔断墙施工（一）

图7-4　轻钢龙骨隔断墙施工（二）

4. 质量标准

（1）主控项目

1）轻钢骨架和罩面板材质、品种、规格、式样应符合设计要求和施工规范的规定。人造板、黏结剂必须有游离甲醛含量或游

轻钢龙骨的
切割操作

离甲醛释放量及苯含量检测报告。

2）轻钢龙骨架必须安装牢固，无松动，位置正确。

3）罩面板无脱层、翘曲、折裂、缺楞掉角等缺陷，安装必须牢固。

（2）一般项目

1）轻钢龙骨架应顺直，无弯曲、变形和劈裂。

2）罩面板表面应平整、洁净，无污染、麻点、锤印，颜色一致。

3）罩面板之间的缝隙或压条，宽窄应一致，整齐、平直，压条与板接缝严

4）轻钢龙骨隔墙面板安装的允许偏差见表7-4。

表 7-4　轻钢龙骨隔墙面板安装的允许偏差

项次	项目	允许偏差/mm					检验方法
		纸面石膏板	埃特板	多层板	硅钙板	人造木板	
1	立面垂直度	3	3	2	3	2	用2m托线板检查
2	表面平整度	3	3	2	3	2	用2m靠尺和塞尺检查
3	阴阳角方	2	2	2	2	2	用直角检测尺、塞尺检查
4	接缝直线度	—	—	—	—	2	拉5m线，不足5m拉通线用钢直尺检查
5	压条直线度	—	—	—	—	2	拉5m线，不足5m拉通线用钢直尺检查
6	接缝高低差	0.5	0.5	0.5	0.5	0.5	用钢直尺和塞尺检查

7.2.3　金属、玻璃、复合板隔断墙

1. 适用范围

适用于工业与民用建筑中金属、玻璃、复合板隔断安装工程。

各类隔断效果如图7-5~图7-10所示。

2. 工艺流程

现场定位→天地轨安装→直杆、横杆组立→水平调整→面板安装→交验。

3. 施工要点

（1）弹线　依据图纸位置实地放样标示，经监理单位认可后方可施工。

（2）框架系统安装

1）地轨安装。依放样地点将地轨置于恰当位置，并将门及转角之位置预留，以空气钉枪击钉于间隔100cm处，固定于地坪上。如地板为瓷砖或石材时，

图 7-5　卫生间金属隔断

图 7-6　别墅镂空金属隔断

图 7-7　办公室玻璃隔断

图 7-8　家居玻璃隔断

图 7-9　会议室复合板隔断

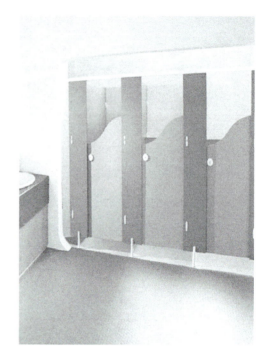

图 7-10　卫生间复合板隔断

则必须以电钻转孔，然后埋入塑料塞，以螺钉固定地轨，地轨长度偏差必须控制在正负 1mm/m 以内。将高低调整组件依直杆的预定位置，置放于地轨凹槽内，最后盖上踢脚板盖板。

2）天轨安装。以水平仪扫描地轨，将天轨平行放置于楼板或天花板下方，然后以空气钉枪击钉或转尾螺钉固定。高差处须裁切成 45°相接，各处相接须平整，缝隙须小于 0.5mm。

3）直杆安装。依图示或施工说明书上指示或需要的间隔安装直杆（一般标准规格，直杆间隔为 100cm）。将直滑杆插入直杆上方，搭接至天轨内部倒扣固定，直杆下放则卡滑至高低调整螺钉上方。

4）横杆安装。将横杆两端分别插入左右直杆预设的固定孔内倒扣固定，下方第一支横杆向上倒扣，其余横杆则向下倒扣固定。非标准规格时，截断横杆中央部分，取两端插入横滑杆，调整需求的尺寸，以钻尾螺钉固定，再将横杆固于直杆上。直杆与横杆安装完成后，以水平仪扫描，调整所有直杆的高低水平（踢脚板标准高度为 80mm）。

5）两向转角柱安装。在隔间之转向处，须立两向转角柱，其长度必须落地及接天轨，以 L 形固定片用空气钉枪击钉固定于地板地轨槽内，以钻尾螺钉固定于天轨上。

6）一字起头安装。钢板面板或玻璃面板相接于墙面，或硅酸钙墙面、石膏板墙面、木作墙面，或T字形相接于钢制面板，且是标准尺寸时，应用一字起头。施作时，间隔90cm以电钻钻孔埋入塑料塞，再以螺钉固定一字起头于墙面。

7）八字起头安装。隔间为T字形或十字形相接于玻璃面板的玻璃框时，或隔间为T字形相接于两组门扇之间时，用八字起头处理，其固定方式为用钻尾螺钉，间隔90cm锁固于面板之框架处。

8）U形收头。若钢制面板末端相接于RC墙或水泥柱，则以U形收头处理，以空气钉枪击钉或间隔90cm以电钻钻孔埋入塑料塞以螺钉固定。

（3）面板系统安装

1）钢制面板。将面板直立，面板下端顶靠在踢脚盖板上方，使面板两侧置于直杆之中心处，缓缓将面板推靠在框架上，再将面板压条扣接于两片钢制面板凹槽之间，以钻尾螺钉锁固面板压条于框架直杆上，且每间隔30cm固定一颗螺钉。组装时尤其必须注意垂直及水平，末端面板接RC墙面，如非规格尺寸，则必须裁切整齐，再插入固定好的U形收头内。（施作前，水电及空调管路须安装完成）

2）玻璃板：施工前先按照设计图纸进行现场测量放线，将图纸进行分格，现场复尺调整分格尺寸。按照复尺后分格安装好成品隔断或半成品竖向主龙骨与横向次龙骨，并将水电及空调管路等管路施作完成，将玻璃面板置于竖向主龙骨内靠室外一侧金属卡槽内，将外侧成品金属压板锁死外侧玻璃；用同样的方式安装靠室内一侧的玻璃，如隔断中有百叶，需将外侧玻璃安装完成后在分格顶部安装百叶上旋杆，将百叶塑料固定在上旋杆上后，再进行内侧玻璃的安装。

3）铝制面板。将铝制扣件置于铝制面板左右两端，依钢制面板的安装方法，将其固定于框架上（施作前，水电及空调管路须安装完成）

4）门扇面板。先将PVC缓冲件插入门框沟槽内，裁切好适当长度，将门框嵌入直杆与横杆后，以钻尾螺钉固定门框与面板，然后将锁好铰链的门片安装于门框上，确定间距及稳固，开关无杂音后，再将水平锁、门挡、门弓器安装固定。

（4）施工后段

1) 隔间分割线压条。所有隔间表板安装完毕，就可施作分割线压条，将压条裁切整齐，并与面板等高，以橡胶槌敲入面板压条的嵌接处，务必保证均匀嵌入。

2) 百叶调整旋钮。分割线压条完成后，将调整旋钮插入百叶调整件的六角螺钉上，以 M4 螺帽锁紧，盖上盖板即可。

3) 插座及开关开孔。依事先预设的插座及开关位置，用铅笔画出 5cm×9cm 的记号，于四角钻出 10mm 圆孔，再以直立型线锯锯开。

（5）清洁　将表板上保护胶膜撕下，清扫垃圾，收回所有废料运离工地现场，擦拭有手纹或灰尘的表板，施工完成。

4. 质量标准

（1）主控项目

1) 任何可以以肉眼在 100cm 察觉板面凹凸、水平、垂直度不足或墙面弯曲的现象均需修正，隔间墙面与铅垂面最大误差不超过 2mm。

2) 钢制面板、玻璃面板、铝制面板、窗面板及转角柱，质量必须符合设计样品要求和有关行业标准的规定。

3) 骨架必须安装牢固，无松动，位置正确。

4) 罩面板无脱层、翘曲、折裂、缺楞掉角等缺陷，安装必须牢固。

5) 复合人造板必须具有国家有关环保检验测试报告。

（2）一般项目

1) 骨架应顺直，无弯曲、变形和劈裂。

2) 罩面板表面应平整、洁净，无污染、麻点、锤印，颜色一致。

3) 罩面板之间的缝隙或压条，宽窄应一致，整齐、平直、压条与板接封严密。

4) 骨架安装的允许偏差应符合表 7-5 的规定。

表 7-5　金属、玻璃、复合板隔断墙的骨架允许偏差

项次	项目	允许偏差/mm	检验方法
1	立面垂直	2	用 2m 托线板检查
2	表面平整	1.5	用 2m 直尺和楔形塞尺检查

5) 隔墙面板安装的允许偏差见表 7-6。

表 7-6 金属、玻璃、复合板隔墙面板安装的允许偏差

项次	项目	允许偏差/mm			检验方法
		钢制面板	玻璃面板	铝制面板	
1	立面垂直度	2	2	2	用2m垂直检测尺检查
2	表面平整度	1.5	1.5	1.5	用2m靠尺和塞尺检查
3	阴阳角方正	2	2	2	用直角检测尺检查
4	接缝直线度	1.5	1.5	1.5	拉5m线,不足5m拉通线用钢直尺检查
5	压条直线度	1.5	1.5	1.5	拉2m线,不足5m拉通线用钢直尺检查
6	接缝高低	0.3	0.3	0.3	用钢直尺和塞尺检查

任务 7.3 玻璃隔墙（断）工程施工

7.3.1 适用范围

适用于工业与民用建筑中玻璃隔墙（断）安装工程。

7.3.2 工艺流程

弹隔墙定位线→划龙骨分档线→安装电管线位置→安装大龙骨→安装小龙骨→防腐处理→安装玻璃→打玻璃胶→安装压条。

7.3.3 施工方法

1. 弹线

根据楼层设计标高水平线，顺墙高量至顶棚设计标高，沿墙弹隔断垂直标高线及天地龙骨的水平线，并在天地龙骨的水平线上划好龙骨的分档位置线。

2. 安装大龙骨

（1）天地骨安装 根据设计要求固定天地龙骨，如无设计要求时，可以用直径为 8~12mm 膨胀螺栓或 3~5in（1in=2.54cm）钉子固定，膨胀螺栓固定点间距 600~800mm。安装前做好防腐处理。

（2）沿墙边龙骨安装 根据设计要求固定边龙骨，边龙骨应启抹灰收口槽，如无设计要求时，可以用直径为 8~12mm 膨胀螺栓或 3~5in 钉子与预埋木砖固定，固定点间距 800~1000mm。安装前作好防腐处理。

3. 主龙骨安装

根据设计要求按分档线位置固定主龙骨，用 4in 的铁钉固定，龙骨每端固定应不少于三颗钉子。必须安装牢固。

4. 小龙骨安装

根据设计要求按分档线位置固定小龙骨，用扣榫或钉子固定，必须安装牢。安装小龙骨前，也可以根据安装玻璃的规格在小龙骨上安装玻璃槽。

5. 安装玻璃

根据设计要求按玻璃的规格安装在小龙骨上。当用压条安装时，先固定玻璃一侧的压条，并用橡胶垫垫在玻璃下方，再用压条将玻璃固定。当用玻璃胶直接固定玻璃时，应将玻璃先安装在小龙骨的预留槽内，然后用玻璃胶封闭固定。

6. 打玻璃胶

首先在玻璃上沿四周粘上纸胶带，根据设计要求将各种玻璃胶均匀地打在玻璃与小龙骨之间。待玻璃胶完全干后撕掉纸胶带。

7. 安装压条

根据设计要求将各种规格材质的压条，将压条用直钉或玻璃胶固定次龙骨上。如设计无要求，可以根据需要选用 10mm×12mm 木压条、10mm×10mm 的铝压条或 10mm×20mm 不锈钢压条。

安装完成后的玻璃隔断如图 7-11、图 7-12 所示。

图 7-11　玻璃隔断（一）

图 7-12　玻璃隔断（二）

7.3.4　质量验收标准

1. 主控项目

1）龙骨木材和玻璃的材质、品种、规格、式样应符合设计要求和施工规范的规定。

2）木龙骨的主、次龙骨必须安装牢固，无松动，位置正确。

3）压条无翘曲、折裂、缺棱掉角等缺陷，安装必须牢固。

4）木龙骨的含水率必须小于8%。

2. 一般项目

1）木龙骨应顺直，无弯曲、变形和劈裂、节疤。

2）玻璃表面应平整、洁净，无污染、麻点，颜色一致。

3）压条宽窄应一致，整齐、平直，压条与玻璃接封严密。

4）允许偏差项目见表7-7。

表 7-7 玻璃隔断墙允许偏差

项次	项类	项目	允许偏差/mm		检验方法
			龙骨	玻璃	
1	龙骨	龙骨间距	2	—	尺量检查
2		龙骨平直	2	—	尺量检查
3	玻璃	表面平整	—	1	用 2m 靠尺检查
4		接缝平直	2	0.5	拉 2m 线检查
5		接缝高低	0.5	0.3	用直尺或塞尺检查
6	压条	压条平直	1	1	拉 5m 线检查
7		压条间距	0.5	1	尺量检查

项目8　幕墙工程施工

【导读】

建筑装饰幕墙是现代建筑科学、新型建筑材料和现代建筑施工技术的共同产物。本项目对幕墙工程的知识做了梳理介绍，选择常见的装饰幕墙类别，详细阐述工艺流程。

【知识目标】

1. 了解建筑装饰幕墙的种类、特点及设计要求。
2. 熟悉不同类型的装饰幕墙的工艺流程。

【能力目标】

1. 掌握玻璃幕墙、金属幕墙、石材幕墙的施工要点。
2. 能够依据现行的规范标准，制定合理的施工方案，满足施工质量要求。

任务8.1　认识建筑装饰幕墙

8.1.1　建筑装饰幕墙的定义和特点

1. 建筑装饰幕墙的定义

建筑装饰幕墙是一种由面板与支承结构体系组成的，可相对主体结构有一定位移能力，不分担主体结构所受作用的建筑外围护或装饰性结构。它具有防风、防潮、隔热、保温、防火、抗震和避雷等多种功能。幕墙一般不承重，形似挂幕，又称为悬挂墙。它是现代建筑科学、新型建筑材料和现代建筑施工技术的共同产物。同时，建筑装饰幕墙也是建筑产业的一场革命，也是现代建筑技术的一项重大突破。

建筑装饰幕墙技术的应用为建筑装饰提供了更多的选择，它新颖耐久，美观时尚、装饰感强，与传统外装饰技术相比，具有施工速度快、工业化和装配化程度高、便于维修等特点，它是融建筑技术、建筑功能、建筑艺术、建筑结构为一体的建筑装饰构件。

2. 建筑装饰幕墙的特点

幕墙之所以能在建筑的各个领域得到广泛的应用和推广，是因为它其他材料无法比拟的独特功能和特点。

（1）艺术效果好　幕墙所产生的艺术效果是其他材料不可比拟的。它打破了传统的窗与墙的界限，巧妙地将它们融为一体。它使建筑物从不同角度呈现出不同的色调，随日光、月光、灯照和周围景物的变化给人以动态的美。这种独特光亮的艺术效果与周围环境有机融合，避免了高大建筑的压抑感，并能改变室内外环境，使内外景色融为一体，

（2）质量轻　玻璃幕墙相对其他墙体来说质量轻。相同面积的情况下，玻璃幕墙的质量约为砖墙粉刷的 $1/10 \sim 1/12$，是干挂大理石、花岗石幕墙质量的 $1/15$，是混凝土挂板的 $1/5 \sim 1/7$。由于建筑物内外墙的质量为建筑物总质量的 $1/4 \sim 1/5$，使用玻璃幕墙能大大减轻建筑物质量，显著减少地震对建筑的影响。

（3）安装速度快　由于幕墙主要由型材和各种板材组成，用材规格标准可工业化生产，施工简单，无湿作业，操作工序少，因而安装施工速度快。

（4）更新维修方便　可改造性强，易于更换。由于它的材料单一、质轻、安装简单，因此幕墙常年使用损坏后改换新立面非常方便快捷，维修也简单。

（5）造价低廉　由于幕墙质轻，结构梁、柱、板、基础费用大大减少；材料单一，可进行工业化标准生产，加工制作快，工序简单，节省劳动力；此外，常年维护费用小、运输费用少。

（6）温度应力小　玻璃、金属、石材等以柔性材料与框体连接，减少了由温度变化对结构产生的温度应力，并且能减轻地震力造成的损害。

8.1.2　建筑装饰幕墙的产生与发展趋势

随着国民经济及科学技术的发展，高层建筑的不断涌现，也带来了建筑材料、建筑构造、建筑施工、建筑理论等诸多方面的变化。高层建筑的墙体如果只考虑围护和分隔房间的作用，就要选轻质、高强的材料，采取简单而易行的连接

方法，以适应高层建筑发展的需要，幕墙则是一种较为典型的选择。

1. 国外建筑装饰幕墙的产生与发展

第一代幕墙（1850—1950 年）：虽然国外最早出现的准幕墙用于 1917 年美国旧金山的哈里德大厦，但真正意义上的玻璃幕墙是 20 世纪 50 年代初建成的纽约利华大厦和联合国大厦。

第二代幕墙（1950—1980 年）：比较简单的幕墙开始大量出现，如框式幕墙、单元幕墙。

第三代幕墙（1980 年至今）：幕墙体系更完备，各种新型材料得到广泛运用，细部处理更合理，如点式幕墙、玻璃肋幕墙及各种新型幕墙。

第四代幕墙（2000 年至今）：在绿色节能的倡导下，双层呼吸式幕墙、光电幕墙应运而生。

2. 国内建筑装饰幕墙的产生与发展

我国建筑装饰幕墙行业从 1983 年开始起步，到 21 世纪初已成为世界第一幕墙生产大国和使用大国，正在向幕墙强国发展。

我国建筑装饰幕墙的发展大致分为以下三个阶段：

第一阶段（1983—1994 年）：引进消化。1983 年以北京长城饭店和上海联谊大厦幕墙为标志，幕墙开始出现并飞快发展。

第二阶段（1995—2001 年）：发展阶段。1995 年我国引进点支承幕墙，后来又引进背栓式石材幕墙、陶土板幕墙等新技术、新材料。引进国外技术的同时，我国也开始结合本国国情有所创新。

第三阶段（2002 年至今）：节能与创新。能源是关系到国计民生的大问题，世界各国对能源的问题十分重视。我国政府审时度势，颁布并实施了建筑节能政策，以双层幕墙、光电幕墙为代表的节能型幕墙得到快速发展。

3. 我国建筑装饰幕墙的发展趋势

幕墙早在一百年前就已在建筑工程上使用，只是由于受当时材质和加工工艺的局限，达不到幕墙对水密性、气密性及抵抗外界各种物理因素侵袭、热物理因素影响以及隔声、吸声、防火等要求，因而一直得不到很好的发展、推广和运用。自 20 世纪 80 年代以来，我国的一些大中城市开始在公共建筑，如商场、宾馆、写字楼等高层建筑，广泛使用有框玻璃幕墙（包括隐框、半隐框式玻璃幕墙），为美化城市做出了很大贡献。20 世纪 90 年代，我国成功引入了点支式玻璃幕墙技术。如北京植物园植物展览温室主体结构由不同高度、不同跨度、不在同一平面内的钢架组成，由于采用了点支式玻璃结构体系，更完美地体现了建筑艺术的魅力。随着光电材料的发展，LED逐渐运用到大型玻璃幕墙中，将高层建筑的LED显示屏与建筑玻璃幕墙相结合，更具观赏性与艺术性。

随着国家战略性新兴产业发展规划政策的出台，其中节能环保新兴信息产业、生物产业等成为国家重点培育和发展的新兴产业、正是在国家政策影响下，新型光伏发电玻璃幕墙横空出世。位于南昌市的南昌国家医药国际创新园联合研究院其建筑外立面采用了该幕墙品种。它是由薄膜太阳能技术与玻璃幕墙结合的方案，让玻璃幕墙转化光能为电能，打造出了全新的"发电墙绿色系统解决方案"。如今，城市由"工业文明"陆续步入"生态文明"，在"绿水青山就是金山银山"的绿色发展理念下，新型光伏电玻璃幕墙的方案无疑使建筑外立面造型变得更加丰富而生动，而且达到了环保节能效果。

8.1.3 建筑装饰幕墙的性能与构造

1. 建筑装饰幕墙的性能

1）幕墙的性能包括风压变形性能、雨水渗漏性能、空气渗透性能、平面变形性能、保温性能、隔声性能、耐撞击性能。

幕墙的性能与建筑物所在地区的地理位置、气候条件和建筑物的高度、体型以及周围环境有关。沿海或经常有台风的地区，幕墙的风压变形性能和雨水渗漏性能要求高些；而风沙较大的地区则要求幕墙的风压变形性能和空气渗透性能高些；寒冷和炎热地区则要求幕墙的保温隔热性能良好。

2）幕墙构架的立柱与横梁在风荷载标准值的作用下，铝合金型材的相对挠度不应大于 $L/180$（L 为主柱或横梁两支点间的跨度），绝对挠度不应大于 20mm；钢型材的相对挠度不应大于 $L/300$，绝对挠度不应大于 15mm。

3）幕墙在风荷载标准值除以阵风系数后的风荷载值的作用下，不应出现雨水渗漏现象。其雨水渗漏性能应符合设计要求。

4）有热工性能要求时，幕墙的空气渗透性能应符合设计要求。

5）幕墙的平面变形性能可用建筑物层间相对位移值表示；在设计允许的相对位移范围内，幕墙不应损坏；应按主体结构弹性层间位移值的3倍进行设计。

2. 建筑装饰幕墙的构造

1）幕墙的防雨水渗漏设计。

① 幕墙构架的立柱与横梁的截面形式宜按等压原理设计。等压原理是指幕

墙接缝内的空气压力与室外空气压力相等时，雨水就失去进入幕墙接缝内主要动力。

②单元幕墙或明框幕墙应有泄水孔。有霜冻的地区，应采用室内排水装置；无霜冻的地区，排水装置可设在室外，但应有防风装置。石材幕墙的外表面不宜有排水管。

③当采用无硅酮耐候密封胶材料时，幕墙必须有可靠的防风雨措施。幕墙开启部分的密封材料，宜采用在长期受压下能保持足够弹性的氯丁橡胶或硅橡胶制品。

2）幕墙中不同的金属材料接触处，由于不同金属相接触时会产生电化腐蚀，应当在其接触部位设置绝缘垫片以防止腐蚀。除不锈钢外，均应设置耐热的环氧树脂玻璃纤维布或尼龙 12 垫片。

3）在主体结构与幕墙的金属结构之间以及金属构件之间应加设耐热的硬质垫片，以消除发生相对位移而引起的摩擦噪声。幕墙立柱与横梁之间的连接处应设置柔性垫片以保证连接处的防水性能。

4）幕墙的金属结构应设温度变形缝。

5）有保温要求的玻璃幕墙宜采用中空玻璃。幕墙的保温材料可与金属板、石板结合在一起，但应与主体结构外表面有 50mm 以上的空气层。

6）上下用钢销支撑的石材幕墙，应在石板的两侧面（或在石板背面的中心区）另外采取安全措施，同时做到维修方便。上下通槽式（或上下短槽式）的石材幕墙，均宜有安全措施，并且做到维修方便。

7）小单元幕墙（由金属副框、各种单块板材，采用金属挂钩与立柱、横梁连接的可拆装的幕墙）的每一块玻璃、金属板、石板构件都是独立的，而且安装和拆卸方便，同时还不影响上下、左右的构件。

8）单元幕墙（由金属构架、各种板材组成一层楼高单元板块的幕墙）的连接处、吊挂处，其铝合金型材的厚度应通过计算确定，并且不得小于 5mm。主体结构的伸缩缝、抗震缝、沉降缝等部位的幕墙设计应保证外墙面的功能性和完整性。

8.1.4　建筑装饰幕墙的类型

建筑装饰幕墙按照材料不同可分为玻璃幕墙、金属板幕墙、石材幕墙、人造板幕墙、组合面板幕墙。其中玻璃幕墙可以分为框架式玻璃幕墙、点式玻璃幕墙和全玻璃幕墙，框架式玻璃幕墙根据面板支承形式可分为明框玻璃幕墙、隐框玻璃幕墙和半隐框玻璃幕墙，半隐框玻璃幕墙又可分为横明竖隐和竖明横隐的形式。建筑装饰幕墙按照施工方法可以分为单元式幕墙和构件式幕墙。最新的建筑装饰幕墙还有双层幕墙，金属屋面和采光顶也归入幕墙的范畴。

在我国常见的建筑装饰幕墙有玻璃幕墙、金属板幕墙和石材板幕墙等多种类型。

1. 玻璃幕墙

玻璃幕墙装饰于建筑物的外表，如同罩在建筑物外的一层薄薄的帷幕，可以说是传统的玻璃窗被无限扩大，以至形成整个外壳的结果（图8-1）。以原来采光、保温、防风雨等较为单纯的功能，发展为多功能的装饰品。其主要部分的构造可分为两方面，一是饰面的玻璃，二是固定玻璃的骨架。只有将玻璃与骨架连接，将玻璃的自身荷载及墙体所受到的风荷载及其他荷载传递给主体结构，使之与主体结构成为一体。玻璃幕墙分有框玻璃幕墙和无框全玻璃幕墙。有框玻璃幕墙又分型钢框玻璃幕墙和铝合金框玻璃幕墙，而后者又分半隐框和全隐框玻璃幕墙。无框全玻璃幕墙又分为座底式全玻璃幕墙和吊挂式全玻璃幕墙。

图 8-1　建筑装饰幕墙——玻璃幕墙

2. 金属板幕墙

在我国，目前大型建筑外墙装饰多采用玻璃幕墙、干挂石板及金属板幕墙，且常为其中两种或三种组合形式共同完成装饰及维护功能（图8-2）。其中金属板幕墙与玻璃幕墙从设计原理、安装方式等方面很相似。大体可分为明框幕墙、隐框幕墙及半隐框幕墙（竖隐横明或横隐竖明）。从结构体系划分为型钢骨架体系、铝合金型材骨架体系及无骨架金属板幕墙体系等。

3. 石材板幕墙

石材板幕墙是一种独立的围护结构体系，它是利用金属挂件将石材饰面板直接悬挂在主体结构上（图 8-3）。当主体结构为框架结构时，应先将专门设计的独立金属骨架体系悬挂在主体结构上，然后通过金属挂件将石材饰面板吊挂在金属骨架上。石材板幕墙又是一个完整的围护结构体系，它应该具有承受重力荷载、风荷载、地震荷载和温度应力的作用，还应能适应主体结构位移的影响，所以必须按照有关设计规范进行计算和刚度验算。另外，石材板幕墙还应满足建筑热工、隔声、防水、防火和防腐蚀等要求。

图 8-2　建筑装饰幕墙——金属幕墙　　　　图 8-3　建筑装饰幕墙——石材板幕墙

石材板幕墙的分格要满足建筑立面设计的要求，同时也应注意石板的尺寸和厚度应保证在各种荷载作用下的强度要求，同时分格尺寸应尽量符合建筑模数，应尽量减少规格尺寸的数量，方便施工。

8.1.5　建筑装饰幕墙结构设计

在进行建筑装饰幕墙结构设计时，应当遵循以下一般要求：

1）建筑装饰幕墙是建筑物的围护结构，主要承受自重、直接作用于其上的风荷载和地震作用，也承受一定的温度和湿度的作用。

2）幕墙构件与立柱、横梁的连接要可靠地传递地震力和风力，能够承受幕墙构件的自重。为防止主体结构水平力产生的位移使幕墙构件损坏，连接又必须具有一定的适应位移能力，使得幕墙构件与立柱、横梁之间有活动的余地。

3）对于竖直的建筑幕墙，风荷载是主要作用力，其数值可达 $2.0\sim5.0\text{kN/m}^2$，使面板产生很大的弯曲应力。而建筑装饰幕墙的自重较轻，即使按最大地震作用系数考虑，也不过是 $0.1\sim0.8\text{kN/m}^2$，也远远小于风荷载。因此，对于幕墙构件本身而言，抗风压是主要的考虑因素。

4）在地震力的作用下，幕墙构件受到猛烈的动力作用，对连接节点会产生较大的影响，使连接处发生震害，甚至使建筑装饰幕墙脱落或倒塌，因此除了计算地震作用力外，在构造上还必须予以加强，以保证在设计烈度地震作用下经修理后的幕墙仍然可以使用，在较大地震力的作用下，幕墙骨架不得出现脱落。

5）建筑装饰幕墙的横梁和立柱，可根据其实际连接情况，按简支连续或铰接多跨支承构件考虑，面板可按照四边承受弯构件进行考虑。

6）建筑装饰幕墙结构采用以概率理论为基础的极限状态设计方法，用分项系数描述的设计表达式来计算。应分别按承载能力极限状态和正常使用极限状态进行幕墙结构的设计。

7）建筑装饰幕墙结构设计应涵盖最不利构件和节点在最不利工况条件下极限状态的验算。对建筑物转角部位、平面和立面突变部位的构件和连接应做专项验算。

任务8.2　玻璃幕墙的构造与施工工艺

玻璃幕墙是目前最常用的一种建筑装饰幕墙，其主要是将玻璃饰面材料与金属构件固定并覆盖在建筑物的表面所形成的一层外围护结构。玻璃幕墙不仅增添了建筑物的美观，减轻建筑物自身质量，而且还缩短建设工期，提高经济效益，因此它是高层建筑物较为理想的一种外墙构造形式。在工程上常见的有框架式玻璃幕墙（隐框式）、框架式玻璃幕墙（明框式）、全玻璃幕墙和点式玻璃幕墙等。

8.2.1　框架式玻璃幕墙的构造与施工工艺（隐框式）

框架式玻璃幕墙是框支承幕墙的一种，它的主要特点是所有支承结构材料，都是以散件运到施工现场，在施工现场依次安装完成，它是目前市场上生产规模最大，也是技术最成熟的一种传统幕墙。根据面板外部结构形式的不同，框架式幕墙可以分为隐框幕墙、半隐框幕墙和明框幕墙。

1. 框架式玻璃幕墙（隐框式）的构造

隐框玻璃幕墙主要由幕墙立柱、横梁、玻璃、主体结构、预埋件、连接件以及连接螺栓、垫杆和开启扇等组成，如图8-4所示。

（1）基本构造　从图8-5可以看到，立柱两侧角码是∟100×60×10的角钢，

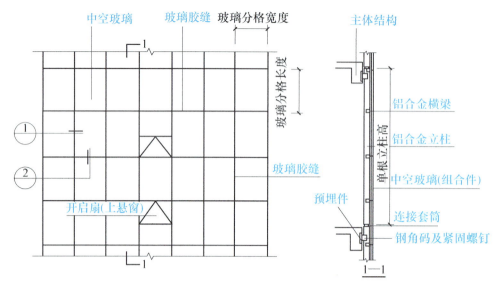

图 8-4　隐框玻璃幕墙组成

它通过 M12×110 的镀锌连接螺栓将铝合金立柱与主体结构预埋件连接，立柱又与铝合金横梁连接，在立柱和横梁的外侧再用连接压板通过 M6×25 的圆头螺钉将带副框的玻璃组合键固定在铝合金立柱上。

为了提高幕墙的密封性能，在两块中空玻璃之间填充直径为 18mm 的泡沫条并填耐候胶，形成 15mm 宽的缝，使得中空玻璃发生变形时有位移的空间。《玻璃幕墙工程技术规范》（JGJ 102—2003）中规定，隐框玻璃幕墙拼缝宽度不宜小于 15mm。

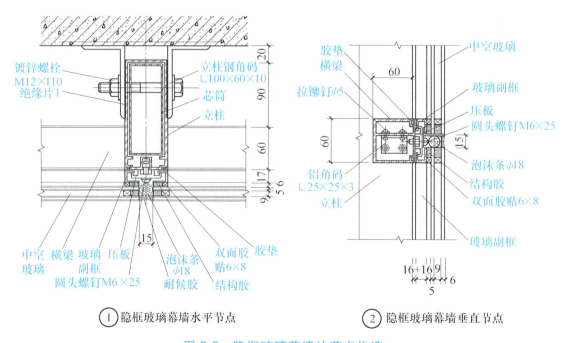

① 隐框玻璃幕墙水平节点　　　② 隐框玻璃幕墙垂直节点

图 8-5　隐框玻璃幕墙的节点构造

图 8-5 反映横梁与立柱的连接构造，以及玻璃组合件与横梁的连接关系。玻璃组合件应在符合洁净要求的车间中生产，然后运至施工现场进行安装。幕墙构件应连接牢固，接缝处须用密封材料密封（图 8-5 中玻璃副框与横梁、主柱相交均有胶垫），用于消除构件间的摩擦声，防止串烟、串火，并消除由于温差变化引起的热胀冷缩应力。因此应严格遵守《玻璃幕墙工程技术规范》（JGJ 102—2003）的操作规范和服务规范进行施工操作养成良好的规范意识，形成相应的行为习惯以及安全文明施工的良好意识。

（2）防火构造　为了保证建筑物的防火能力，玻璃幕墙与每层楼板、隔墙处以及窗间墙、窗槛墙的缝隙均采用不燃烧材料（如填充岩棉等）填充严密，形成防火隔层。如图 8-6 所示，在横梁位置安装厚度不小于 100mm 的防火岩棉，并用 1.5mm 厚钢板包制。

（3）防雷构造　《建筑物防雷设计规范》（GB 50057—2010）规定，高层建筑应设置防雷用的均压环（沿建筑物外墙周边每隔一定高度的水平防雷网，用于防侧雷），环间垂直间距不应大于 12m，均压环可利用梁内的纵向钢筋或另行安装。如采用梁内的纵向钢筋做均压环，幕墙位于均压环处的预埋件的锚筋必须与均压环处与幕墙立柱连通。未设均压环的立柱必须与设均压环楼层的立柱连通，如图 8-7 所示。接地电阻均应小于 4Ω。

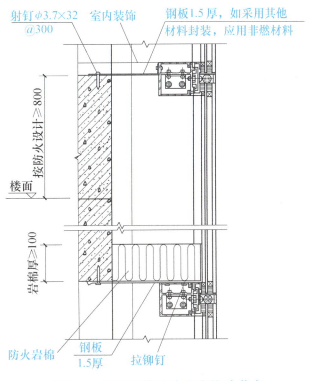

图 8-6　隐框玻璃幕墙防火构造节点

2. 框架式玻璃幕墙（隐框式）的施工工艺

框架式玻璃幕墙（隐框式）施工工艺流程为：测量放线→连接件安装→转接件的安装→立柱安装→横梁安装→防火隔断安装→防雷装置安装→安装玻璃组件→安装开启窗扇→填充泡沫棒并注耐候密封胶→保护和清洁→检查、验收。

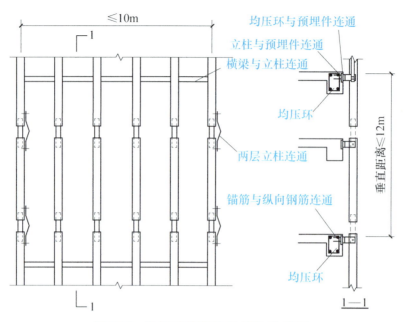

图 8-7　隐框玻璃幕墙防雷构造简图

（1）施工准备

1）施工前，首先要对现场管理和安装人员进行全面的技术和质量交底及安全规范教育，备齐防火和安全器材与设施。

2）在构件进场搬运、吊装时，需要加强保护，不得碰撞和损坏。构件应放在通风、干燥、不与酸碱类物质接触的地方，并要严防雨水渗入。

3）构件应按品种、规格、种类和编号堆放在专用架子或垫木上。玻璃构件应稍稍倾斜直立摆放，在室外堆放时，应采取防护措施。

4）构件安装前，均应进行检验与校正。构件应符合设计图纸及相关质量标准的要求，不得有变形、损伤和污染，不合格构件不得上墙安装。玻璃幕墙构件在运输、堆放、吊装过程中有可能会人为地使构件产生变形、损坏等，在安装之前一定要提前对构件进行检验，发现不合格的应及时更换。同时，幕墙施工承包商应根据具体情况和以往施工经验，对易损坏和丢失的构件、配件、玻璃、密封材料、胶垫等，设计一定的更换储备数量。其中，一般构件、配件的储备量在1%~5%，玻璃在安装过程中的损坏率为总块数的3%~5%。

5）构件在现场的辅助加工如钻孔、攻丝、构件偏差的现场修改等，其加工位置、精度、尺寸应符合设计要求。

6）玻璃幕墙与主体结构连接的预埋件，应在主体结构施工时按设计要求埋设，在放置预埋件之前，应按幕墙安装基线校核预埋件的准确位置，预埋件应牢固固定在预定位置上，并将锚固钢筋与主体构件主钢筋用钢丝绑扎牢固或焊接固定，防止预埋件在浇筑混凝土时，位置变动。施工时预埋件锚固钢筋周围的混凝土必须密实振捣；混凝土拆模后，应及时将预埋件钢板表面上的砂浆清除干净。

（2）测量放线　幕墙的高精度特征对土建的要求相对较高（土建施工的误差与结构的难易、施工单位的水平等有着密切关系），这就造成了幕墙施工与土建误差的矛盾。而解决这一矛盾的唯一途径就是幕墙施工单位对结构误差进行调整，这就需要对主体已完成或局部完成的建筑物进行外轮廓测量，根据测量结果确定幕墙的调整处理方法，并提供给设计单位做出设计更改。

1）熟悉图纸。首先要对有关图纸有全面的了解，不仅是对幕墙施工图，对土建图、结构图也需要了解，主要了解立面变化的位置、标高、变化的特点。

2）编制测量计划。对于工作量较大或是较复杂的工程，测量要分类有序地进行。在对建筑物轮廓测量前要编制测量计划，对所测量的对象进行分区、分面、分部地测量，然后进行综合。测量区域的划分在一般情况下遵循以立面划分为基础、以立面变化为界限的原则，全方位进行测量。

3）放线。放线从关键点开始，先放水平线，用水准仪进行水平线的放线，一般的铁线放线采用花篮螺钉收紧，然后吊线（垂直），高层、超高层建筑一般要采用高精度激光经纬仪放线，再配以铁线吊线的方法进行放线。

（3）连接件的安装　连接件有很多种类，但一般情况下有两种：一种是单件式，一种为组合式。对每一项工程来讲，可能同时采用两种连接件。但不管是哪一种，其作用都是为了将幕墙与主体结构连接起来，故连接件的安装质量将直接影响幕墙的结构安装质量。

1）主要材料说明。连接件：铁板厚为8mm，在安装前检查连接件是否符合要求，是否是合格品，电镀是否按标准进行，孔洞是否符合产品标准。焊条：要注意保存，注意防水防潮，还要注意用电安全。

2）寻准预埋铁件或安装后置埋件。预埋铁件的作用就是将连接件固定，使幕墙结构与主体混凝土结构连接起来。故安装连接件时，首先要寻找预埋件，只有寻准了预埋件才能准确地安装连接件。如果预埋铁件偏移太大或未预埋，则需按要求安装后置埋件。

3）对照竖梁垂线。竖梁的中心线也是连接件的中心线，故在安装时应注意控制连接件的位置，其偏差应小于2mm。

拉水平线控制水平高低及进深尺寸。虽然预埋铁件已控制水平高度，但由于施工误差影响，安装连接件时仍要拉水平线控制其水平及进深的位置，以保证连接件的安装准确无误。

4）定位焊。在连接件三维空间定位确定后要进行连接件的临时固定，即定位焊。焊接时每个焊接面焊 2~3 点，要保证连接件不会脱落。焊接时要两人同时进行，一个固定位置，另一个进行定位焊操作，同时两人都要做好防护。焊接人员必须是有焊工技术操作证者，以保证焊接的质量。

定位焊两端的施工人员要相互配合，协同一致，积极沟通保障安全，同时也能体现出一定的施工团队的集体意识与合作意识。

5）验收检查。对初步固定的连接件按层次逐个检查施工质量，主要检查二维空间误差，一定要将误差控制在误差范围之内。三维空间误差工地施工控制范围为垂直误差小于 2mm，水平误差小于 2mm，进深误差小于 3mm。

6）加焊正式固定。对验收合格的连接件进行固定，即正式焊接。焊接操作时要按照焊接的规格及操作规定进行。

7）验收。对焊接好的连接件，现场管理人员要对其进行逐个检查验收，对不合格处进行返工改进，直至达到要求为止。

8）防腐处理。连接件在车间加工时已进行过了防腐处理（镀锌防腐），但由于焊接对防腐层会产生一定程度的破坏，故仍需再进行防腐处理。具体方法如下：清理焊渣；报请质量部门进行验收，合格后再涂刷防锈漆。

（4）转接件安装　在连接件安装完成后，90°镀锌铁码可在此间安装，也可以与竖梁同时进行安装。

主要材料包括镀锌铁码、规格不同的不锈钢螺栓。镀锌铁码用 6mm 厚铁板加工成 Y 向长度为 80mm、100mm、200mm 等的常用规格。在进入工地前应对镀锌铁码进行全面质量检查：首先检查规格是否正确，其次检查镀锌是否完整，折弯是否为直角，转角处是否存在伤害。不合格的材料不得进入工地，更不能安装。

（5）立柱安装　在全部幕墙安装过程中，立柱安装由于工程量大、施工不便、精度要求高而占有极其重要的地位。立柱安装是整个工程进度控制点之一，故此作业无论从技术上还是管理上都要分外重视。

立柱安装一般由下而上进行，带芯套的一端朝上。第一根立柱，按悬垂构件先固定上端，调正后固定下端；第二根立柱，将下端对准第一根立柱上端的芯套，然后用力将第二根立柱套上，并保留 20mm 的伸缩缝，再吊线或对位安装立柱上端，依次往上安装。若采用吊篮施工，可将吊篮在施工范围内的立柱同时自下而上安装完，再水平移动吊篮安装另一段立面的立柱。立柱和连接杆（支座）接触面之间一定要加防腐隔离垫片。

（6）横梁安装　横梁安装包括三个部分：一是横梁角码安装；二是横梁防震垫圈安装；三是横梁安装。而这三部分是通过不锈钢自攻螺钉穿进竖梁（钻孔）固定而成，因此这造成了横梁安装的复杂性。同时，横梁安装是一种连续安装，安装第一根横梁的同时第二根横梁亦并入安装。另外，安装横梁仍然要考虑美观。

（7）防火隔断安装　防火隔断是为防止层间窜火而设计的，它的设计依据是《建筑设计防火规范》（GB 50016—2014）。防火隔断主要包括防火隔断板、防火岩棉。防火隔断板是用镀锌钢板（1.2mm厚）经车间加工制作而成的，安装时用射钉、拉铆钉连接在主体结构与幕墙结构上，将上下两层隔开。

（8）防雷装置的安装　通常建筑物的防雷装置有三部分：接闪器、引下线和接地装置。应根据设计要求及现场实测尺寸进行下料，分层运送就位。将镀锌钢筋与节点处进行焊接，并及时进行防锈处理。将幕墙的防雷体系连为一体后进行检查，然后与主体避雷设施进行连接，并及时进行防锈处理。

（9）玻璃板块安装　玻璃板块是在制作厂加工完成，然后在工地安装的。由于工地不宜长期贮存玻璃，故在安装前要制订详细的安装计划，列出详细的玻璃供应计划，这样才能保证安装顺利进行及方便制作厂安排生产。

（10）窗扇安装　安装时应注意窗扇与窗框的配合间隙是否符合设计要求，窗框胶条应安装到位，以保证其密封性。窗扇连接件的品种、规格、质量一定要符合设计要求，并采用不锈钢或轻钢金属制品，以保证窗扇的安全、耐用。

（11）注耐候密封胶　玻璃、铝板等板块安装调整后即开始注密封胶，该工序是防雨水渗漏和空气渗透的关键工序。注耐候密封胶所用材料和工器具包括耐候密封胶、填缝垫杆、清洁剂、清洁布、注胶枪、刮胶纸、刮胶铲。

（12）保护和清洁　清洁收尾是工程竣工验收前的最后一道工序，虽然安装已完工，但为追求完美的饰面质量此工序亦不能马虎。铝型材在最后工序时揭开保护膜胶纸，若已产生污染，应用中性溶剂清洗后，用清水冲洗干净，若洗不净则应通知供应商寻求其他办法解决。

8.2.2 框架式玻璃幕墙的构造与施工工艺（明框式）

1. 框架式玻璃幕墙（明框式）的构造

明框玻璃幕墙的构造形式有五种：框架式（分件式）、单元式（板块式）、元件单元式、嵌板式、包柱式。其中框架式（分件式）玻璃幕墙是用一根元件（立柱、横梁）安装在建筑物主体框架上形成框架体系，再将金属框架、玻璃、填充层和内衬墙以一定顺序进行组装。目前多采用布置比较灵活的立柱方式。框架式明框玻璃幕墙构造如图8-8所示。

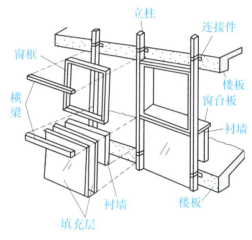

图 8-8　框架式明框玻璃幕墙构造

明框玻璃幕墙也称为普通玻璃幕墙。明框玻璃幕墙的构造形式包括整体镶嵌槽式、组合镶嵌槽式和混合镶嵌槽式。

整体镶嵌槽式：镶嵌槽和杆件是一个整体，镶嵌槽外侧槽板与构件是整体连接的，在挤压型材时就是一个整体，采用投入法安装玻璃。整体镶嵌槽式普通玻璃幕墙如图8-9所示。玻璃定位后有干式装配、湿式装配和混合装配三种固定方法，混合装配又分为从外侧和从内侧安装玻璃两种做法。

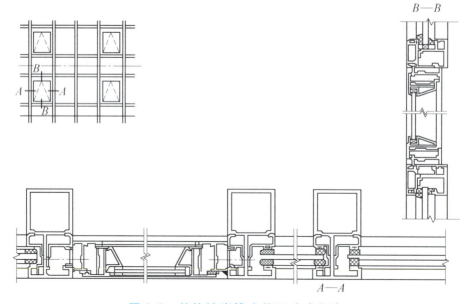

图 8-9　整体镶嵌槽式普通玻璃幕墙

　　组合镶嵌槽式：镶嵌槽的外侧槽板与构件是分离的，采用平推法安装玻璃，玻璃安装定位后压上压板，用螺栓将压板外侧扣上扣板装饰。组合镶嵌槽式普通玻璃幕墙如图 8-10 所示。

　　混合镶嵌槽式：一般是立柱用整体镶嵌槽，横梁用组合镶嵌槽，安装玻璃用左右投装法，玻璃定位后将压板用螺钉固定到横梁杆件上，扣上扣板形成横梁完整的镶嵌槽，可从外侧或内侧安装玻璃。混合镶嵌槽式玻璃幕墙如图 8-11 所示。

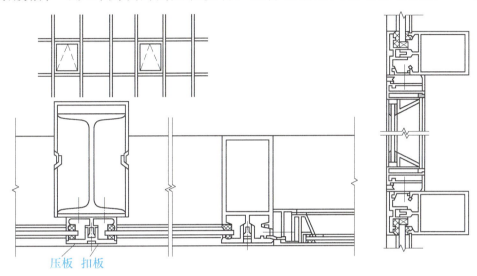

压板　扣板

图 8-10　组合镶嵌槽式普通玻璃幕墙

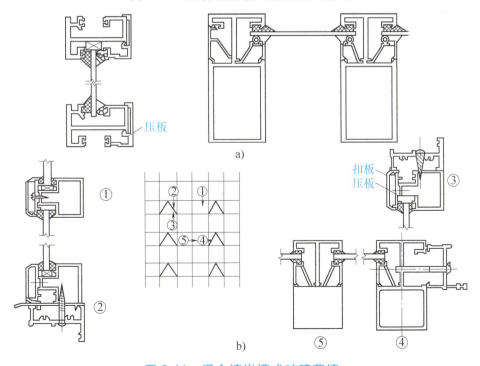

图 8-11　混合镶嵌槽式玻璃幕墙
a）从内侧安装玻璃　b）从外侧安装玻璃

2. 框架式玻璃幕墙（明框式）的施工工艺

框架式玻璃幕墙（明框式）施工工艺流程为：测量放线→调整和后置预埋件→装配铝合金立柱、横梁→安装立柱、横梁→幕墙附件安装→安装玻璃→安装开启窗扇→安装玻璃幕墙铝盖条→清洁、整理→检查、验收。

（1）测量放线 立柱由于与主体结构锚固，所以位置必须准确，横梁以立柱为依托，在立柱布置完毕后再安装，所以对横梁的弹线可推后进行。

在工作层上放出 z、y 轴线，用激光经纬仪依次向上定出轴线，再根据各层轴线定出楼板预埋件的中心线，并用经纬仪垂直逐层校核，再定各层连接件的外边线，以便与立柱连接。如果主体结构为钢结构，由于弹性钢结构有一定挠度，故应在低风时测量定位（一般在早8点，风力在1~2级以下时），且要多测几次，并与原结构轴线复核、调整。

放线结束，必须建立自检、互检与专业人员复验制度，确保万无一失。

（2）装配铝合金立柱、横梁 此工作可在室内进行，主要是装配好竖向主龙骨紧固件之间的连接件、横向次龙骨的连接件，安装镀锌钢板、主龙骨之间接头的内套管、外套管以及防水胶等，装配好横向次龙骨与主龙骨连接的配件及密封橡胶垫等。

（3）安装立柱、横梁 常用的固定方法有两种，一种是将骨架立柱型钢连接件与预埋铁件依弹线位置焊牢；另一种是将立柱型钢连接件与主体结构上的膨胀螺栓锚固。

两种方法各有优劣：由于预埋铁件是在主体结构施工中预先埋置，不可避免地会产生偏差，必须在连接件焊接时进行接长处理；膨胀螺栓则是在连接件设置时随钻孔埋设，准确性高，机动性大，但钻孔工作量大，劳动强度高，工作较困难。如果在土建施工中安装，可与土建统筹考虑，密切配合，优先采用预埋件。

连接件一般为型钢，形状随幕墙结构立柱形式变化和埋置部位变化而不同。连接件安装后，可进行立柱的连接。

幕墙立柱、横梁安装，应符合以下要求：

1）立柱先与连接件连接，然后连接件再与主体结构埋件连接。应按主体轴线偏差不大于2mm、左右偏差不大于3mm、立柱连接件标高偏差不大于3mm进行调整和固定。

相邻两根立柱安装标高偏差不大于3mm，同层立柱的最大标高偏差不大于5mm，相邻两根立柱距离偏差不大于2mm。

立柱安装就位后应及时调整、紧固，临时固定螺栓在紧固后应及时拆除。

2）横梁两端的连接件以及弹性橡胶垫，要求安装牢固，接缝严密，应准确安装在立柱的预定位置。相邻两根横梁应由下而上安装，安装完一层时应及时检查、调整、固定。

3）玻璃幕墙立柱安装就位、调整后应及时紧固。玻璃幕墙安装的临时螺栓等在构件安装、就位、调整、紧固后应及时拆除。

4）现场焊接或高强螺栓紧固的构件固定后，及时进行防锈处理。玻璃幕墙中铝合金接触的螺栓及金属配件应采用不锈钢或轻金属制品。

5）不同金属的接触面采用垫片做隔离处理。

（4）玻璃幕墙其他主要附件安装　由于幕墙与柱、楼板之间产生的空隙对防火、隔声不利，所以在室内装饰时，必须在窗台上下部位做内衬墙，内衬墙的构造类似于内隔墙，窗台板以下部位可以先立筋，中间填充矿棉或玻璃棉防火隔热层，后覆铝板隔汽层，再封纸面石膏板，也可以直接砌筑加汽混凝土板。目前常用的一种方法：先用一条L形镀锌钢板固定在幕墙的横档上，然后在钢板上铺放防火材料。用得较多的防火材料有矿棉（岩棉）、超细玻璃棉等。铺放高度应根据建筑物的防火等级并结合防火材料的耐火性能通过计算后确定。防火材料应干燥，铺放要均匀、整齐，不得漏铺。

根据幕墙排水构造要求，在横档与水平铝框的接触处外侧安上一条铝合金披水板，以排去其上面横档下部的滴水孔滴下的雨水，起封盖与防水双重作用。根据设计要求安设冷凝排水管线。

玻璃幕墙其他主要附件安装应符合下列要求：

1）有热工要求的幕墙，保温部分宜从内向外安装。当采用内衬板时，四周应套装弹性橡胶密封条，内衬板与接缝应严密。内衬就位后，应进行密封处理。

2）防火保温材料应安装牢固，防火保温层应平整，拼接处不应留缝隙。

3）冷凝水排出管及附件应与水平构件预留孔连接严密，与内衬板出水孔连接处应设橡胶密封条。

4）其他通气孔及雨水排出口等应按设计施工，不得遗漏。

（5）玻璃安装　幕墙玻璃的安装，由于骨架结构类型不同，玻璃固定方法也有差异。型钢骨架，因型钢没有镶嵌玻璃的凹槽，一般要用窗框过渡。可先将玻璃安装在铝合金窗框上，而后再将窗框与型钢骨架连接。

立柱安装玻璃时，先在内侧安上铝合金压条，然后将玻璃放入凹槽内，再用密封材料密封。横梁装配玻璃与立柱安装玻璃在构造上不同，横梁支承玻璃的部分倾斜，以排除因密封不严流入凹槽内的雨水，外侧须用一条盖板封住。

幕墙玻璃安装在下列要求进行：

1）玻璃安装前应将表面尘土和污物擦拭干净。热发射玻璃安装应将镀膜面朝向室内，非镀膜面朝向室外。

2）玻璃与构件不得直接接触。玻璃四周与构件凹槽底应保持一定空隙，每块玻璃下部应设不少于2块弹性定位垫块；垫块的宽度与槽口宽度应相同，长度不应小于100mm；玻璃两边嵌入量及空隙应符合设计要求。

3）玻璃四周橡胶条应按规定型号选用，镶嵌应平整，橡胶条长度宜比边框内槽口长1.5%~2%，其断口应留在四角；斜面断开后应拼成预定的设计角度，并应用胶黏剂粘接牢固后嵌入槽内。

（6）铝合金装饰压板安装 铝合金装饰压板应符合设计要求：表面应平整，色彩应一致，不得有肉眼可见的变形、波纹和凹凸不平，接缝应均匀严密。

8.2.3 点式玻璃幕墙的构造与施工工艺

由玻璃面板、点支撑装置和支撑结构构成的玻璃幕墙称为点式玻璃幕墙又称为点支式玻璃幕墙。根据支撑结构，点支式玻璃幕墙可分为工形截面钢架、格构式钢架、柱式钢桁架、鱼腹式钢架、空腹弓形钢架、单拉杆弓形钢架、双拉杆棱形钢架等。

点式玻璃幕墙的特性主要有：通透性好，几乎无遮挡，视线效果达到最佳；构件精巧，结构美观，实现了精美的金属构件与玻璃装饰艺术的完美融合；支承结构多样，可满足不同建筑结构和装饰效果的需要。它的缺点是不易实现开启通风及工程造价偏高。

1. 点式玻璃幕墙的结构类型

点式玻璃幕墙的结构类型包括玻璃肋点支式玻璃幕墙、钢桁架点支式玻璃幕墙、拉索点支式玻璃幕墙等，如图8-12~图8-14所示。

2. 点式玻璃幕墙施工工艺

点式玻璃幕墙施工工艺流程：现场测量放线→安装（预埋）铁件→安装钢管立柱→安装钢管横梁→安装不锈钢拉杆→钢结构检查验收→除锈、刷油漆→安装玻璃→玻璃打胶→清理玻璃表面→竣工验收。

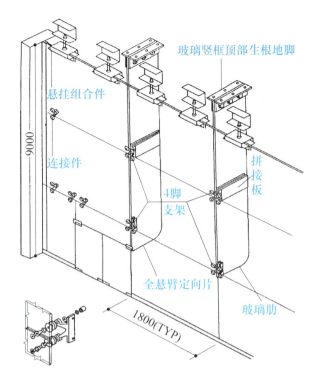

图 8-12 玻璃肋点支式玻璃幕墙示意图

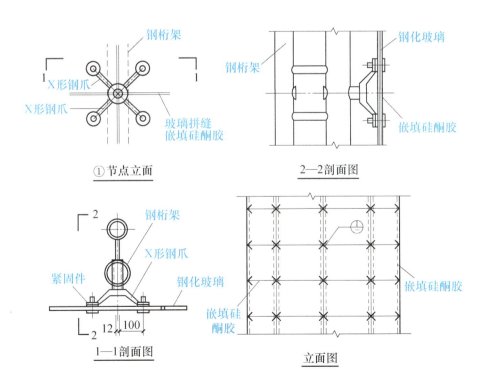

图 8-13 钢桁架点支式玻璃幕墙示意图

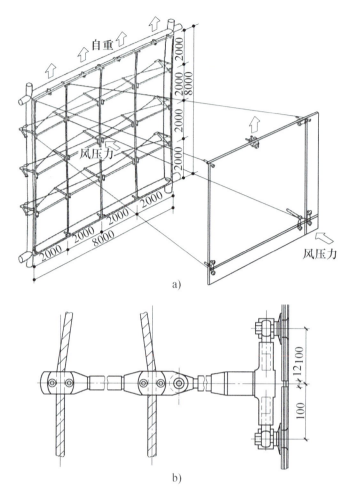

图 8-14　拉索点支式玻璃幕墙示意图

a）立体图　b）索系与玻璃连接

（1）准备工作　在玻璃幕墙正式施工前，应根据土建结构的基础验收资料复核各项数据，并标注在检测资料上；预埋件、支座面和地脚螺栓的位置，标高的尺寸偏差，应符合现行技术规定及验收规范；钢柱脚下的支撑预埋件应符合设计要求。

在正式安装前，应检验并分类堆放幕墙所用的构件。钢结构在装卸、运输、堆放的过程中，应防止损坏和变形。钢结构运送到安装地点的顺序，应满足安装程序的需求。

（2）施工测量放线　钢架式点支玻璃幕墙分格轴线的测量应与主体结构的测量配合，其误差应及时调整，不得出现积累。钢结构的复核定位应使用轴线控制点和测量标高的基准点，保证幕墙主要竖向构件及主要横向构件的尺寸允许偏差符合有关规范及行业标准。

（3）钢桁架的安装 钢桁架安装应按现场实际情况及结构采用整体或综合拼装的方法施工。确定几何位置的主要构件，如柱、桁架等应吊装在设计位置上，在松开吊挂设备后应进行初步矫正。构件的连接接头必须经过检查合格后，方可紧固和焊接。对焊接部位要进行打磨，消除棱角和尖角，达到光滑过渡要求的钢结构表面应根据设计要求喷涂防锈漆和防火漆。

（4）接驳件（钢爪）安装 在安装横梁的同时按顺序及时安装横向及竖向拉杆。对于拉杆接驳结构体系，应保证驳接位置的准确，紧固拉杆或调整尺寸偏差时，宜采用先左后右、由上自下的顺序，逐步固定接驳件的位置，以单元控制的方法调整校核结构体系安装精度。

（5）幕墙玻璃安装 在进行玻璃安装前，首先应检查校对钢结构主支撑的垂直度、标高、横梁的高度和水平度等是否符合设计要求，特别要注意安装孔位的复查，然后清洁钢件表面杂物。驳接玻璃底部 U 形槽内应装入橡胶垫块，对应于玻璃支撑面的宽度边缘处应放置垫块。

在进行玻璃安装时，应清洁玻璃及吸盘上的灰尘，根据玻璃重量及吸盘规格确定吸盘个数。然后检查驳接抓爪的安装位置是否正确，经校核无误后，方可安装玻璃。正式安装玻璃时，应先将驳接爪进行安装。为确保驳接头处的气密性、水密性，必须使用扭矩扳手，根据驳接系统的具体尺寸来确定扭矩的大小。玻璃安装结束后，需要认真调整玻璃上下左右的位置，以此来保证玻璃安装水平偏差在允许范围内。玻璃全部调整好后，应进行立面平整度的检查，经检查确认无误后，才能打密封胶。

（6）玻璃缝打密封胶 在打玻璃密封胶之前需要做好清洁工作，保证工作面的整洁，以此来确保密封胶与玻璃结合牢固。打胶时需要提前贴好保护胶纸，并注意保护胶纸与胶缝平直。打胶时应均匀，先横缝后竖缝，依次由上而下进行。当胶打满后，需要检查一下是否有气泡、空心、断缝、夹杂等情况，如有上述情况，应及时处理。

8.2.4 全玻璃幕墙的构造与施工工艺

由玻璃幕墙和玻璃肋构成的建筑幕墙称为全玻璃幕墙。这种幕墙通透性好、造型简洁明快。由于该幕墙通常采用较厚的玻璃，所以其隔声效果较好，加之视线的无阻碍性，用于外墙装饰时，室内、室外环境浑然一体，显得非常宽广、明亮。

全玻璃幕墙可以分为坐落式全玻璃幕墙和吊挂式全玻璃幕墙两类。

1. 全玻璃幕墙的结构类型

（1）坐落式全玻璃幕墙的构造 坐落式全玻璃幕墙的构造组成为上下金属夹槽、玻璃板、玻璃肋、弹性垫块、聚乙烯泡沫垫杆或橡胶嵌条、连接螺栓、硅酮结构胶及耐候胶等，如图 8-15 所示。玻璃肋应垂直于玻璃板面布置，间距根据设计计算而确定。玻璃肋的布置方式有后置式、骑缝式、平齐式、突出式四种。

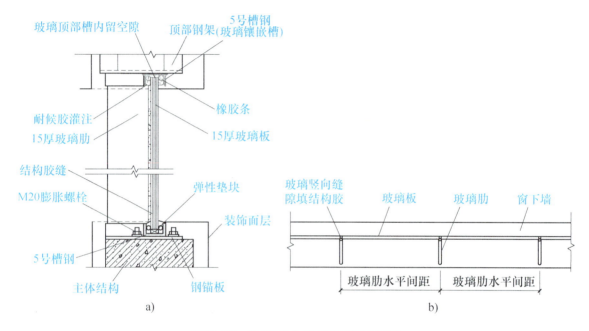

图 8-15 坐落式全玻璃幕墙示意图

a）构造示意图　b）平面示意图

（2）吊挂式全玻璃幕墙的构造 当幕墙的玻璃高度超过一定数值时，适宜采用吊挂式全玻璃幕墙，其构造做法如图 8-16 所示。

2. 全玻璃幕墙的玻璃定位嵌固

（1）干式嵌固 干式嵌固是指在固定玻璃时，采用密封条嵌固的安装方法，如图 8-17a 所示。

（2）湿式嵌固 湿式嵌固是指当玻璃插入金属槽内、填充垫条后，采用密封胶（如硅酮密封胶等）注入玻璃、垫条和槽壁之间的空隙，凝固后将玻璃固定的方法，如图 8-17b 所示

（3）混合式嵌固 混合式嵌固是指放入玻璃前先在金属槽内一侧装入密封条，然后放入玻璃，再在另一侧注入密封胶的安装方法，是以上两种方法的结

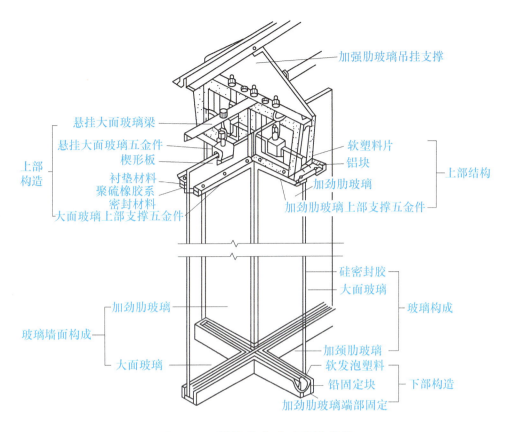

图 8-16 吊挂式全玻璃幕墙构造

合，如图 8-17c 所示。

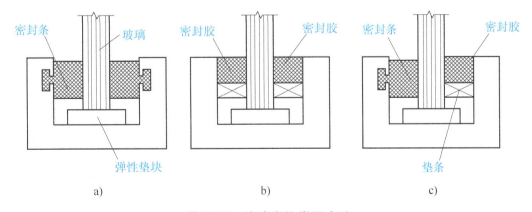

图 8-17 玻璃定位嵌固方法

a）干式嵌固 b）湿式嵌固 c）混合式嵌固

3. 全玻璃幕墙的施工工艺

全玻璃幕墙的施工工艺流程：定位放线→上部钢架安装→下部和侧面嵌槽安装→玻璃肋、玻璃板安装就位→嵌固及注入密封胶→表面清洗和验收。

（1）定位放线　定位放线方法与有框玻璃幕墙相同。使用经纬仪、水准仪等测量设备，配合标准钢卷尺、重锤、水平尺等复核主体结构轴线、标高及尺寸，对原预埋件位置进行检查、复核。

（2）上部钢架安装　上部钢架用于安装玻璃吊具的支架，强度和稳定性要求都比较高，应使用热渗镀锌钢材，严格按照设计要求制作、施工。

（3）下部和侧面嵌槽安装　嵌固玻璃的槽口应采用型钢，如尺寸较小的槽钢等，应与预埋件焊接牢固，验收后做防锈处理。下部槽口内每块玻璃的两角附近放置两块氯丁橡胶垫块，长度不小于100mm。

（4）玻璃板的安装　玻璃板安装时的主要工序包括：

1）检查玻璃。在将要吊装玻璃前，需要再一次检查玻璃质量，尤其注意检查有无裂纹和崩边，检查黏结在玻璃上的铜夹片位置是否正确，用干布将玻璃表面擦干净，用记号笔做好中心标记。

2）安装电动玻璃吸盘。玻璃吸盘要对称吸附于玻璃面上，吸附必须牢固。

3）安装完毕后，先进行试吸，即将玻璃试吊起2~3m，检查各个吸盘的牢固度，试吸成功才能正式吊装玻璃。

4）在玻璃适当位置安装手动吸盘、拉缆绳和侧面保护胶套。手动吸盘用于在不同高度工作的工人能够用手协助玻璃就位；在玻璃板安装时，手动吸盘的使用操作、考验的是对不同高度的施工人员的团队协作能力。工友之间的相互信任以及工序之间的相互配合，以期在协同一致的情况下完成该步骤的施工任务。拉缆绳是为玻璃在起吊旋转，就位时，能控制玻璃防摆动，防止因风力作用和吊车转动发生玻璃失控。

5）在嵌固玻璃的上下槽口内侧粘贴低发泡垫条，垫条宽度同嵌缝胶的宽度，并且留有足够的注胶深度。

6）吊车将玻璃移动至安装位置，并将玻璃对准安装位置徐徐靠近。

7）上层的工人把握好玻璃，防止玻璃就位时碰撞钢架。等下层工人都能把握住真空吸盘时，可将玻璃一侧的保护胶套去掉。

8）玻璃定位。安装好玻璃夹具，各吊杆螺栓位置应在上部钢架的定位出来，并与钢架轴线重合，上下调节吊挂螺栓的螺钉，使玻璃提升和就位准确。第一块玻璃就位后要检查其侧边的垂直度，以后玻璃只需要检查其缝隙宽度是否相等，符合设计尺寸即可。

9）做好上部吊挂后，嵌固上下边框槽口外侧的垫条，使安装好的玻璃嵌固到位。

（5）灌注密封胶

1）在灌注密封胶之前，所有注胶部位的玻璃和金属表面，采用丙酮或专用清洁剂擦拭干净，但不得用湿布和清水擦洗，所有注胶面必须干燥。

2）为确保幕墙玻璃表面清洁美观，防止在注胶时污染玻璃，在注胶前需要在玻璃上粘贴美纹纸加以保护。

3）安排受过训练的专业注胶工人施工，注胶时内外两侧同时进行。注胶的速度要均匀，厚度要一致，不要夹带气泡。

4）耐候硅酮胶的施工厚度为 3.5~4.5mm，胶缝太薄对保证密封性能不利。

5）胶缝厚度应遵守设计中的规定，结构硅酮胶必须在产品有效期内使用。

（6）清洁幕墙表面　打胶后对幕墙玻璃进行清洁，拆除脚手架前进行全面检查。

（7）全玻璃幕墙施工注意事项

1）玻璃磨边。每块玻璃四周均需要进行磨边处理，不要因为上下不露边而忽视玻璃安全和质量。玻璃在吊装中下部可能临时落地受力；在玻璃上端有夹具夹固，夹具有很大的应力；吊挂后玻璃又要整体受拉，内部存在着应力。如果在玻璃边缘不进行磨边，在复杂的外力、内力共同作用下，很容易产生裂缝而破坏。

2）夹持玻璃的铜夹片一定要用专用胶黏结牢固，密实且无气泡，并按说明书要求充分养护后才可进行吊装。

3）在安装玻璃时应严格控制玻璃板面的垂直度、平整度及玻璃缝隙尺寸，使之符合设计及规范要求，并保证外观效果的协调、美观。

任务 8.3　金属幕墙的构造与施工工艺

8.3.1　金属幕墙的面板材料和特点

1. 金属幕墙的面板材料

金属幕墙是幕墙面板材料为金属板材的建筑幕墙，如以铝塑复合板、铝单板、蜂窝铝板等作为饰面的金属幕墙。金属幕墙由于金属板材优良的加工性能，色彩丰富且安全性良好，能够完全适应各种复杂造型设计，可以任意增加凹进和凸出的线条，加上艺术性强、质量轻、抗震好、安装和维修方便等优点，给建筑设计师以巨大的发挥空间，为越来越多的建筑外装饰所采用，获得了突飞猛进的发展。

（1）铝单板　单层铝板，常用板厚为 2.5mm、3.0mm。当单板块尺寸较大时，板面平整度不易保证，特别是在阳光照射时板面不平整的缺陷表现更加突出，易出现温度变形，一般用于立面分格较小的幕墙。

（2）蜂窝铝板　面板为 1mm 厚铝板，背板为 0.7mm 厚铝板，蜂窝芯材为 0.06mm 铝箔，三层复合而成，常用厚度为 20mm、25mm。板面平整，强度较高，价格相对较高，适用于分格尺寸较大的幕墙。

（3）铝塑复合板　面板及背板为 0.5mm 厚铝板，芯材为 PE 塑料，铝板与芯材热合而成，常用厚度为 4mm，燃烧性能为 B_1 级，属难燃体；板面较为平整，价格相对较低，但对幕墙的防火有一定的影响，板材加工时容易损伤面板。

2. 金属幕墙的特点

金属幕墙作为一种极富冲击力的建筑幕墙形式，主要特点有：强度高、质量轻；板面平整无暇；优良的成形性；加工容易，质量精度高，生产周期短，可进行工厂化生产；防火性能好。金属板幕墙适用于各种工业与民用建筑。金属板幕墙一般是悬挂在承重骨架和外墙面上。它具有典雅庄重，质感丰富以及坚固、耐久、易拆卸等优点。施工方法多为预支装配，节点构造复杂，施工精度要求高，必须有完备的工具和经过培训的有经验的工人才能完成操作。

8.3.2　金属幕墙的类型与构造

1. 金属幕墙的类型

金属幕墙按照面板的材质不同，可以分为铝单板幕墙、蜂窝铝板幕墙、搪瓷板幕墙、不锈钢板幕墙等。有的还用两种或两种以上材料构成金属复合板，如铝塑复合板幕墙、金属夹心板幕墙等。

按照表面处理不同，金属幕墙又可分为光面板幕墙、亚光板幕墙、压型板幕墙、波纹板幕墙等。

金属幕墙主要由金属饰面板、连接件、金属骨架、预埋件、密封条和胶缝等组成。

2. 金属幕墙的构造

金属幕墙按照安装方法的不同分为直接安装和骨架安装两种方式。例如，铝塑复合板面板的骨架式幕墙是用镀锌钢方管作为横梁立柱，用铝塑复合板做成带副框的组合件，用直径为 4.5mm 自攻螺钉固定，板缝垫杆嵌填聚硅氧烷密封胶。

在金属幕墙中不同的金属材料接触处，除不锈钢外，均应设置耐热的环氧树脂玻璃纤维布和尼龙 12 垫片。有保温要求时，金属饰面板可与保温材料结合在一起，但应与主体结构外表面有 50mm 以上的空气层。金属板拼缝处嵌填泡沫垫杆并用聚硅氧烷耐候密封胶进行密封处理，也可采用密封橡胶条。

金属饰面板组合件的大小根据设计确定，当尺寸较大时组合件内侧应增设加劲肋，铝塑复合板折边处应设边肋。加劲肋可用金属方管、槽形或角形型材，其应与面板可靠连接并采取防腐措施。金属幕墙的横梁、立柱等骨架可采用型钢或铝型材。

8.3.3 金属幕墙的施工工艺

金属幕墙施工工艺流程为：预埋件位置尺寸检查→测量放线→金属骨架安装→钢结构刷防锈漆→防火保温棉安装→金属板安装→注密封胶→幕墙表面清理→工程验收。

（1）施工准备工作　在施工之前做好科学规划，熟悉图纸，编制单项工程施工组织设计，做好施工方案部署，确定施工工艺流程和工、料、机具安排等。详细核查施工图纸和现场实际尺寸，领会设计意图，做好技术交底工作，使操作者明确每一道工序的装配质量要求等。

（2）预埋件位置尺寸检查　预埋件应当在土建工程施工时埋设，在幕墙施工前要根据该工程基准轴线和中线以及基准水平点，对预埋件进行检查和校核。当设计无具体的要求时，一般位置尺寸的允许偏差为 ±20mm，预埋件的标高允许偏差为 ±10mm。当有预埋件标高及位置偏差造成无法使用或漏放时，应当根据实际情况突出选用膨胀螺栓或化学锚栓加钢锚板（形成后补预埋件）的方案，并应在现场做拉拔试验，并做好记录。

（3）测量放线　测量放线工作是非常重要的基础性工作，是幕墙安装施工的基本依据。工程实践证明，金属幕墙的安装质量在很大程度上取决于测量放线的准确与否，如果发现轴线和结构标高与图纸有出入，应及时向业主和监理工程师报告，得到处理意见后进行必要的调整，并由设计单位做出设计变更。

（4）金属骨架安装

1）为确保金属骨架安装位置的准确，在金属骨架安装前，还要根据施工放样图检查施工放线位置是否符合设计要求。

2）在校核金属骨架位置确实正确后，可以安装固定立柱上的铁件，以便进行金属骨架的安装。

3）在进行金属骨架安装时，先安装同立面两端的立柱，然后拉通线顺序安装中间立柱，并使同层立柱安装在同一水平位置上。

4）将各施工水平控制线引至已安装好的各个立柱上，并用水平仪进行认真校核，检查各立柱的安装标高是否一致。

5）按照设计尺寸安装幕墙的金属横梁，在安装过程中要特别注意横梁一定要与立柱垂直，这是金属骨架安装中必须做到的。

6）钢骨架中的立柱和横梁，一般可采用螺栓连接。如果采用焊接，应对下方和临近的已完工装饰饰面进行成品保护。

7）在两种不同金属材料接触处，除不锈钢材料外均应垫好隔离垫片，防止发生接触腐蚀。隔离垫片常采用耐热的环氧树脂玻璃纤维布和尼龙。

8）待幕墙的金属骨架安装完工后，应通知监理公司对隐蔽工程进行检查验收，合格后方可进行下道工序。

（5）金属板制作　金属幕墙所用的金属饰面板种类多，一般是在工厂加工后运至工地现场安装。铝塑复合板组合件一般在工地制作和安装。

1）铝单板。铝单板在弯折加工时弯折处外圆弧半径不应小于板厚的 1.5 倍，以防止出现折裂纹和集中应力。板上加劲肋的固定可以采用电栓钉，但应保证铝板外表面不变形、不褪色，固定应牢固。铝单板的折边上要做耳子用于安装，如图 8-18 所示。

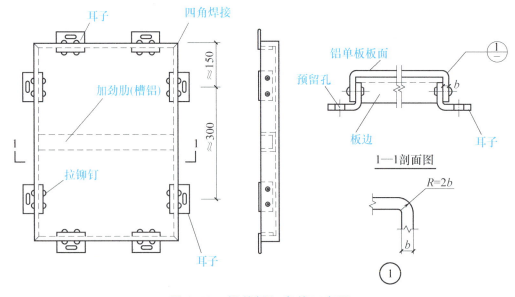

图 8-18　铝单板组合件示意图

耳子的中心间距一般在 300mm 左右，角端在 150mm 左右，表面和耳子的连接可用焊接、铆接或在铝板上直接冲压而成。铝单板组合件的四角开口部位凡是未焊接成型的，必须用硅酮密封胶密封。

2）铝塑复合板。铝塑复合板有内外两层铝板，中间复合聚乙烯塑料。在切割内层铝板和聚乙烯塑料时，应保留不小于 0.3mm 厚的聚乙烯塑料，并不得划伤外层铝板的内表面。铝塑复合板面板如图 8-19 所示。

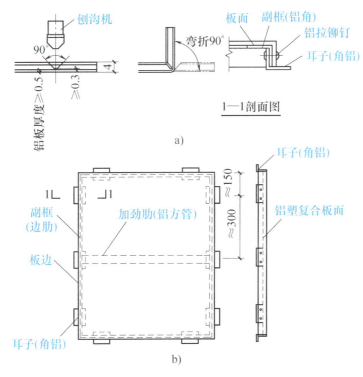

图 8-19 铝塑复合板面板示意图

a）铝塑复合板的折边 b）铝塑复合板

打孔、切口后外露的聚乙烯塑料及角缝处，应采用中性的硅酮密封胶密封，防止水渗漏到聚乙烯塑料内。在加工过程中铝塑复合板严禁与水接触，以确保质量。其耳子材料一般宜采用角铝。

3）蜂窝铝板。应根据组装要求决定切口的尺寸和形状。在去除铝芯时不得划伤外层铝板的内表面，各部位外层铝板上，应保留 0.3~0.5mm 的铝芯。直角部位的加工，折角内弯成圆弧。对于蜂窝铝板边角和缝隙处，应当采用硅酮密封胶进行密封。边缘的加工应将外层铝板折合 180°，并将铝芯包封。

4）金属幕墙的吊挂件和安装件。金属幕墙的吊挂件、安装件应采用铝合金或不锈钢件，并应有可调整的范围。采用铝合金立柱时，立柱连接部位的局部壁厚不得小于 5mm。

（6）防火、保温材料安装

1）金属幕墙所用的防火材料和保温材料，必须是符合设计要求和现行标准规定的合格材料。在施工前，应对防火和保温材料进行质量复验，不合格的材料不得用于工程。

2）每层楼板与幕墙之间不能有空隙，应用 1.5mm 厚镀锌钢板和防火岩棉做防火隔离带，用防火胶密封。

3）在北方寒冷地区，保温层最好有防水、防潮保护层，在金属骨架内填塞固定，要求严密牢固。

（7）金属幕墙的吊挂件、连接件、金属面板安装　同有框玻璃幕墙中的玻璃组合件安装。金属面板是经过折边加工、装有耳子（有的还有加劲肋）的组合件，通过铆钉、螺栓等与横竖骨架连接。

（8）注胶密封与清洁　金属幕墙板拼缝的密封处理与有框玻璃幕墙相同，以保证幕墙整体有足够的、符合设计的黏结强度和防渗漏能力。施工时注意成品保护和防止构件污染。待密封胶完全固化后或在工程竣工验收时撕去金属板面的保护膜。

（9）施工注意事项

1）金属面板通常由专业工厂加工成型，但因实际工程的需要，部分面板现场加工是不可避免的。现场加工应使用专业设备和工具，由专业操作人员进行操作，以确保板件的加工质量和操作安全。

2）为确保施工中的安全，各种电动工具在正式使用前，必须进行性能和绝缘检查，吊篮须做荷载试验、各种保护装置试验和运转试验。

3）金属面板在运输、保管和施工中不要重压，在条件允许时要采取有效的保护措施，以免因重压而变形。

4）金属板表面上均有防腐及保护涂层，因此应注意硅酮密封胶与涂层黏结的相容性问题，事先做好相容性试验，并为业主和监理工程师提供合格成品的试验报告，保证胶缝的施工质量和耐久性。

5）在金属面板加工和安装时，应当特别注意金属板面的压延纹理方向，通常成品保护膜上印有安装方向的标记，否则会出现纹理不顺、色差较大等现象，严重影响装饰效果和安装质量。

6）固定金属面板的压板、螺钉，其规格、间距一定要符合规范和设计要求，并要拧紧不松动。

7）金属板件的四角如果未经焊接处理，应当用硅酮密封胶来进行嵌填，保证密封、防渗漏效果。

任务8.4 石材幕墙工程施工

8.4.1 石材幕墙安装方法（铝合金挂件式）

1. 施工流程

2. 施工方法

（1）施工准备 施工人员熟悉图纸，熟悉施工工艺，对施工班组进行技术交底和操作培训。对石材板材需开箱预检数量、规格及外观质量，逐块检查，不符合质量标准的立即按不合格品处理。按图纸上的石材编号预摆排列检查有无明显色差。

（2）测量放线

1）依据总包单位提供的基准点线和水准点，用全站仪在底楼放出外控制线，用激光垂直仪将控制点引至标准层顶层进行定位。

2）依据外控制线以及水平标高点，定出幕墙安装控制线。为保证不受其他因素影响，垂直钢线每5层一个固定支点，水平钢线每7m一个固定支点。

注意：填写测量放线记录表，报监理验收，验收后进入下道工序。

3）将各洞口相对轴线标高尺寸全部量出来，如图8-20所示（若整个石材立面无窗洞口，则不需要图示）。

（3）结构及预埋件的检查

1）预埋件左右、上下偏差的检查。首先由测量放样人员将支座的定位线弹在结构上，便于施工人员进行检查、记录，检查预埋件中心线与支座的定位线是否一致，通过十字定位线，检查出预埋件左右、上下的偏差（图8-21），偏差大的报设计人员，给出预埋件修正方案。

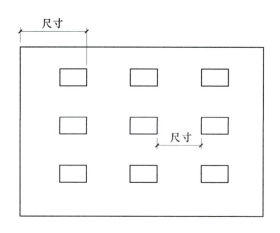

图 8-20 石材立面洞口尺寸标记

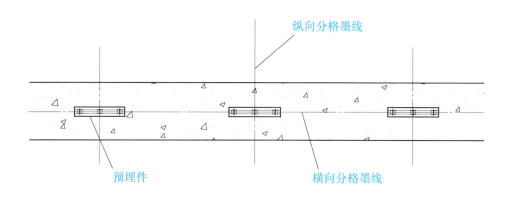

图 8-21 预埋件示意图

2）结构进出的检查。支座的定位线弹好以后，在结构处依据外控网拉垂直钢线，以及横向线作为安装控制线，如图 8-22 所示。检查结构的标高及预埋件进出尺寸，将检查尺寸记录下来，反馈给监理单位、业主、总包单位。

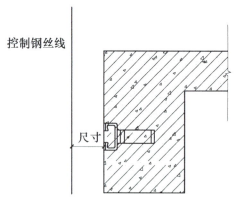

图 8-22 预埋件尺寸示意图

（4）转接件安装

1）角钢转接件是幕墙安装中的一个重要环节，该部分工作还应包含预埋板的偏位处理、防雷的连接等。连接件与预埋件是通过埋板专用螺栓与埋板连接的，如图 8-23 所示。

2）预埋件先进行偏差处理，偏差大的需进行后埋处理（后埋处理采用后置

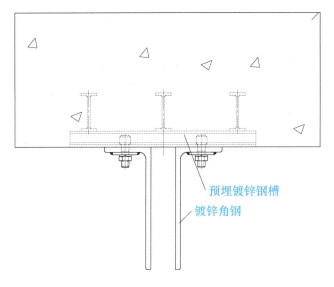

图 8-23 转接件安装示意图

埋件通过化学螺栓与混凝土结构墙连接），确保安全、经济又能满足相关规范要求。

（5）立柱安装

1）立柱的安装，依据放线的位置进行安装。安装立柱施工一般是从底层开始，然后逐层向上推移进行。

2）为确保石材幕墙外立面的平整，首先将角位垂直钢丝布置好。安装施工人员依据钢丝作为定位基准，进行角位立柱的安装。

3）立柱在安装之前，首先对立柱进行直线度的检查，检查的方法采用拉通线法，若不符合要求，经矫正后再上墙进行安装，将误差控制在允许的范围内。立柱安装示意如图 8-24 所示。

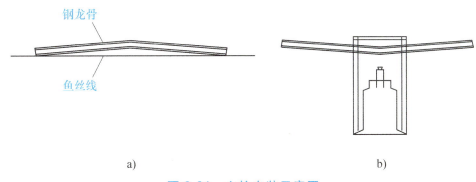

a)   b)

图 8-24 立柱安装示意图

a）直线度检查 b）立柱直线度矫正

4）先对照施工图检查主梁的加工孔位是否正确，然后用螺栓将立柱与连接件连接，调整立柱的垂直度与水平度，然后上紧螺母，如图 8-25 所示。立柱的前后位置依据连接件上长孔进行调节。上下依据方通长孔进行调节。

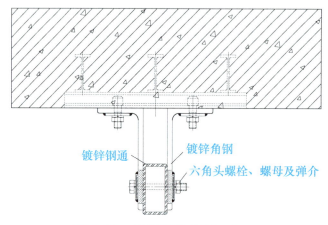

镀锌钢通
镀锌角钢
六角头螺栓、螺母及弹介

图 8-25　螺栓调整位置示意图

5）立柱就位后，依据测量组所布置的钢丝线、综合施工图进行安装检查，各尺寸符合要求后，对钢龙骨进行直线的检查，确保钢龙骨的轴线偏差，如图 8-26 所示。

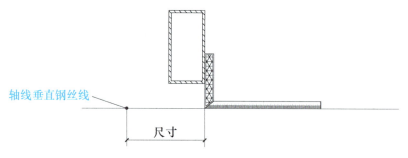

轴线垂直钢丝线

尺寸

图 8-26　钢龙骨直线位置检查示意图

6）钢龙骨的安装，竖向必须留伸缩缝，每个楼层间一处。竖向伸缩缝留 20mm 间隙，采用插芯连接，连接长度不小于 250mm，在缝隙处用硅酮耐候密封胶填充，如图 8-27 所示。

7）整个墙面立柱的安装尺寸误差要在控制尺寸范围内消化，误差不得向外伸延，各竖龙骨安装以靠近轴线的钢丝线为准进行分格检查。检查完毕、合格后，填写隐蔽工程验收单，报监理单位验收（并附自检表）。

（6）层间防火层安装

1）防火层必须外包 1.5mm 厚度镀锌钢板，内填 100mm 防火岩棉。

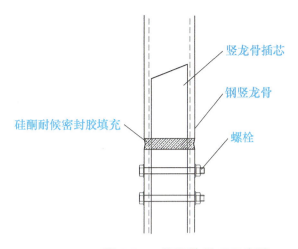

图 8-27 伸缩缝处理示意图

2）根据设计，楼层竖向应形成连续防火分区，特殊要求平面也应设置防火隔断。

3）楼板处要形成防火实体。

4）防火层与幕墙和主体之间缝隙用防火胶严密密封。

（7）墙面防水及保温岩棉（或挤塑聚苯板）安装

第一种情况：安装保温岩棉。

竖向龙骨安装完毕后，在墙面上用刷两道聚氨酯涂料做防水处理，然后进行保温岩棉的安装。先将固定卡码用水泥钉固定到混凝土墙面上，再将成块的保温棉压在 V 形铁皮朝外的棉钉上，并用卡码固定，如图 8-28 所示。

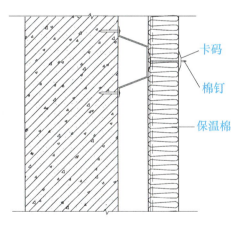

图 8-28 安装保温岩棉

第二种情况：安装挤塑聚苯板。

竖向龙骨安装完毕后，在墙面上用刷两道聚氨酯涂料做防水处理，然后进行挤塑聚苯板的安装。可在聚苯板背面刷一层胶直接与墙面粘贴，也可用塑料胀栓将聚苯板与墙面固定。聚苯板安装完后，在其外表面刷耐水型防火涂料，如图 8-29 所示。

安装保温岩棉（或挤塑聚苯板）时，应拼缝密实，不留间隙，上下应错缝搭接。

（8）横梁的安装

1）立柱安装好以后，检查分格情况，符合规范要求后进行横龙骨的安装，

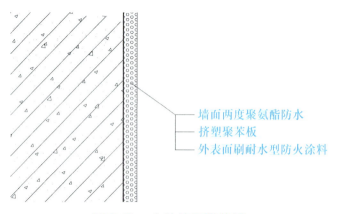

图8-29　安装挤塑聚苯板

横龙骨根据实际情况进行断料。横龙骨的断料尺寸，应比分割尺寸小于3mm，这样施工过程中安装比较方便。装横龙骨前，先进行角码的安装。

2）横龙骨依据水平横向线进行安装。用角码将立柱与横龙骨连接，将横龙骨全部拧到五分紧后再依据横向鱼丝线进行调节，直至符合要求，如图8-30所示。

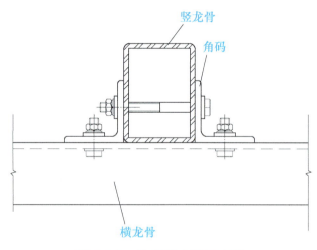

图8-30　横龙骨安装示意图

3）经检查合格后，填写隐蔽工程验收单，附材质单，报监理验收（并附自检表）。

（9）石材安装前的准备工作

1）将花岗石放在阳光充足处，人在2m外观察，基本调和。天然花岗石的色差级一般分为A、B、C三种，同一立面只能存在A、B两个色差级或B、C两个色差级，A与C色差级绝不能在同一立面出现，如图8-31所示。

花岗石A、B组(允许) 花岗石B、C组(允许) 花岗石A、C组(不允许)

图 8-31 花岗石组合形式

2）为了减少石材表面跟水和大气的接触，并减少污物附在石材上，保护石材的美观及延长使用寿命，在石材进场前，要先进行石材防水、防污的处理，刷石材表面防护剂，避免施工过程中石材受到污染。

（10）面材安装

1）在面材安装之前，通过角码先将铝合金挂件安装在横梁上，依据控制线进行标高，左右调节，如图 8-32 所示。

2）石材在安装之前先进行开槽。槽中心距石材边开槽尺寸应符合加工图要求，一般开扇形槽为 85~110mm，槽宽为 5~7mm，深度为 25~30mm，如图 8-33 所示：

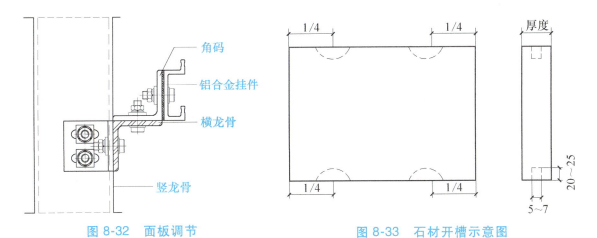

图 8-32 面板调节　　　　图 8-33 石材开槽示意图

3）石材开槽后，将槽内的粉尘清理干净，将石材进行试挂，若左右、前后、上下没有问题，注入石材胶，使胶在缝内充实（图 8-34），然后进行花岗石安装。

4）将石材板块挂在与横梁相连的铝合金挂件上，控制其平整度、垂直度、分格尺寸、缝宽、高低差在允许误差范围内。调节调位螺钉，进行上下高度的调节。用定位螺钉进行定位，如图 8-35 所示。

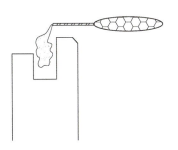

图 8-34 注胶位置示意图

5）石材安装注意事项

① 安装时，应先安装窗洞口及转角处石材，以避免安装困难和保证阴阳角的顺直。

② 安装到每一层标高时，进行垂直误差的调整，不积累。

③ 螺栓的紧固力要可靠，也可以在螺帽上抹少许石材胶固定。

（11）石材的打胶　若为开缝体系，则不打胶，应考虑相应的防水措施。

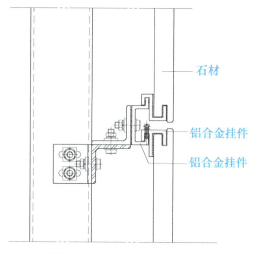

图 8-35　石材定位示意图

1）石材面板安装后，先清理板缝，特别要将板缝周围的干挂胶打磨干净，然后嵌入泡沫条。

2）泡沫条嵌好后，贴上防污染的美纹纸，避免密封胶渗入石材造成污染。贴美纹纸应保证缝宽一致。

3）美纹纸贴完后进行打胶，胶缝要求宽度均匀、横平竖直，缝表面光滑平整。打胶完成待密封胶半干后撕下美纹纸。

4）用手动胶枪将密封胶均匀挤入胶缝处，再用橡胶刮刀进行刮胶，刮刀根据大小、形状能任意切割。

石材打胶示意如图 8-36 所示，刮胶处理示意如图 8-37 所示。

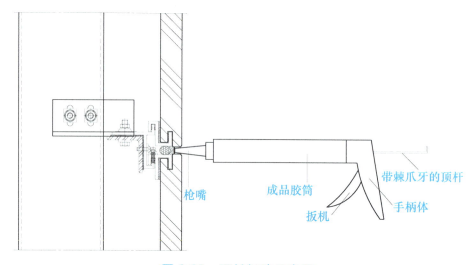

图 8-36　石材打胶示意图

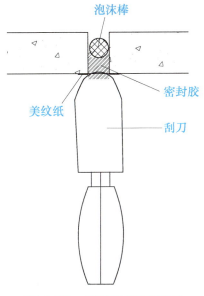

图 8-37　刮胶处理示意图

8.4.2　石材幕墙安装方法（不锈钢背栓式）

1. 施工流程

测量放线→连接件安装→钢立柱安装→层间防火层安装→防水及保温岩棉（或挤塑聚苯板）安装→角钢横梁安装→石材安装→打胶清洁（若为开缝体系，则不打胶）。

2. 背栓石材施工方法

不锈钢背栓式的幕墙龙骨安装，与 8.4.1 所述的铝合金挂件式幕墙龙骨安装，做法一致；可以参考前述 8.4.1 的相关内容。下面仅针对不锈钢背栓式石材幕墙的石材安装做介绍。

（1）安装注意事项

1）背栓孔加工必须保证孔位与设计相符，孔距、孔深度、扩孔质量均符合设计要求。

2）背栓安装必须在操作台完成背栓安装，防止击穿孔位石材。

3）控制套管扩大程度，检查抗震圈的安装质量，铝挂件与石材应连接紧固，力矩检测应符合要求。

4）板材安装控制其平整度、垂直度、分格尺寸、缝宽、高低差在允许误差范围内。

5）石材调整完后，上排挂钩处用自攻钉固定，其他位置可自由伸缩。

6）铝挂座安装时螺栓应紧贴上肢转折处，便于挂件自由拆除，与钢角码连接处加防腐垫片。

（2）石材安装

1）在石材安装之前，先将铝合金挂件安装在角钢横梁上。依据控制线进行标高、左右调节，如图 8-38 所示。

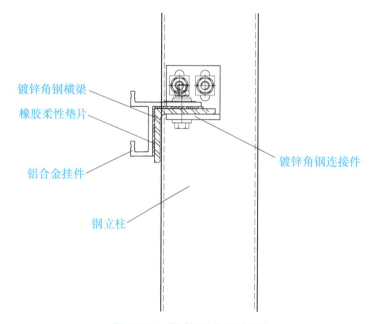

镀锌角钢横梁

橡胶柔性垫片

铝合金挂件

钢立柱

镀锌角钢连接件

图 8-38　挂件固定示意图

2）在背栓安装前先对石材背面进行钻孔，钻孔时避免石材损伤或有裂缝出现。采用后切式背栓固定，背栓与板材为立体嵌入式固定。一块花岗石板可用一个背栓、两个背栓或四个背栓，视荷载大小和花岗石抗冲切强度而定。当采用一个背栓时，螺孔中心到板边的距离不宜大于 300mm；当采用两个背栓时，螺孔中心到板端的距离不宜大于 400mm，距两边不宜大于 300mm；当采用四个背栓时螺孔中心到板边距离不宜大于 250mm，当采用一个或两个后切背栓时，要用四个尼龙螺栓顶住板内侧，保持板的稳定。背栓孔加工必须保证孔位与设计相符，孔距、孔深度、扩孔质量均符合设计要求。背栓式钻孔孔位与孔距允许偏差见表 8-1 所示。

3）背栓安装必须在现场操作台完成，防止击穿孔位石材。控制套管扩大程度，检查抗震圈的安装质量，然后将铝合金挂件通过后切式背栓固定在石材背面，铝合金挂件与石材连接紧固，力矩检测符合要求。

表 8-1　背栓式钻孔孔位与孔距允许偏差

序号		M6	M8	M10~12
1	孔径 d_z(允差为+0.04 -0.2)	$\Phi 11$	$\Phi 13$	$\Phi 15$
2	扩孔直径 d_h(允差为±0.3)	$\Phi 13.5 \pm 0.3$	$\Phi 15.5 \pm 0.3$	$\Phi 18.5 \pm 0.3$
3	孔深 H_v(允差为+0.4 -0.1)	10　12　15　18　21	15　18　21　25	15　18　21　25

4）石材安装时，注意不得使挂件偏位，两挂件搭接长度不得小于 5cm，将定位螺钉拧紧，使用调节螺钉调节石材位置。调节时按图纸留出石材间缝隙，注意使石材横缝、竖缝顺直，用靠尺调节平整度，铅坠调节垂直度。对每个孔的深度及底部打孔的质量都要设专人检验。另外，背栓与石材是靠螺栓的张力起固定作用，因此螺栓必须拧紧，且用测力扳手进行校核。背栓式幕墙构造如图 8-39 所示。

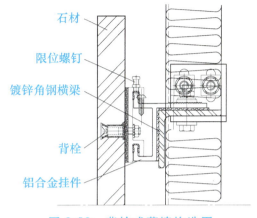

图 8-39　背栓式幕墙构造图

5）板材安装控制其平整度、垂直度、分格尺寸、缝宽、高低差在允许误差范围内。正在安装的石材幕墙如图 8-40 所示，已完工的石材幕墙成品如图 8-41 所示。

图 8-40　正在安装的石材幕墙

图 8-41　已完工的石材幕墙成品

任务8.5　焊接技术及方法

8.5.1　作业步骤

焊接作业如图 8-42 所示。

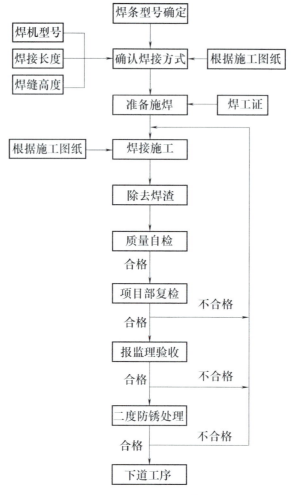

图 8-42　焊接作业步骤

8.5.2　焊条的型号及质量要求

1. 常用焊条的型号

一般情况下，根据设计的要求来选用焊条，通常情况钢筋的焊接是：一级钢（Q235）用 J422，二级钢用（HRB335）J422 或 J502，三级钢（HRB400）用 J502 的。

在使用前需要对焊条进行检查焊条如图 8-43 所示。

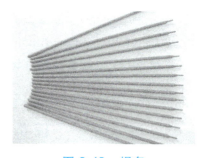

图 8-43　焊条

2. 焊条的质量要求

1）是否有药皮脱落现象。如有药皮脱落现象在焊接中会使溶池得不到充分的保护，焊缝的质量得不到保障。

2）焊条的表面是否出现裂纹。裂纹是焊条在保管过程中没能妥善保管，通风不好，受潮所致。焊条受潮后，焊条的芯很容易生锈，焊条芯生锈导致药皮裂纹。焊条应在通风良好的室内、离地面200mm以上保管。

3）焊条药皮的偏芯。出现焊条药皮偏芯，会导致焊缝偏位，溶池偏离焊缝，达不到技术要求，为了确保焊缝的质量，最好不用。

4）焊条头生锈。焊条头生锈就会导致焊条内部生锈，不能用于焊接。

5）在施焊前把所需要使用的焊条放入烘干箱内，在200℃的恒温下烘干2h，中碳钢焊条烘干2~3h，取出后自然冷却，这样就能保证焊条在施焊过程中的质量要求。

8.5.3　焊接缺陷与预防

1. 气孔

气孔在焊接缺陷中常见危害很大，尤其对压力容器危害最为明显，如果表面出现了气孔，焊口的内部很可能也存在。气孔如图8-44所示。

气孔的形成是由于焊条在施焊前没有充分烘干，药皮内部水分过大。施焊时大风也可造成焊口气孔现象。

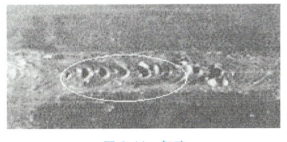

图8-44　气孔

预防：在施焊前对焊缝进行清理，焊条要在200℃的烘干箱内进行2h烘干，大风天气不宜在室外焊接（因为大风可把电弧吹偏，使空气进入溶池，造成多粒气孔）。

2. 夹渣

施焊前焊口清理不到位，电流与焊条直径不匹配，焊条角度不正确，液体药皮无规律流淌，都是产生夹渣的原因。多层焊接时最容易出现夹渣。点状夹渣如图8-45所示。

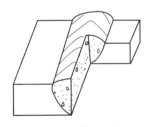

图8-45　点状夹渣

预防：焊缝在施焊前清理干净；焊接时可适当加大电流；在运条时要均匀运条；正确把握焊条与焊缝的角度，平焊时焊条与焊缝的角度以60°~80°为宜；运条时在回折处稍稍放慢运条速度。

3. 沙眼

沙眼是在焊接过程中，焊口的某一点出现严重的锈斑，或是在用氧气开坡口时，有氧气铁没清理干净。沙眼如图 8-46 所示。

预防：焊口的清理工作要做到位，有严重的锈斑时，用钢丝刷或砂轮机清理，如果焊口深处的污物不好清理，可用氧气进行燃烧清理，使焊口彻底干净。

4. 裂纹

裂纹如图 8-47 所示，一般在中碳钢和高碳钢的焊接时常见。原因有：焊条的型号与母材的材质不符，电弧在 6000~8000℃溶池中燃烧，强迫焊材与母材熔合，一旦温度下降的速度加快，内部应力聚集，就容易产生裂纹。

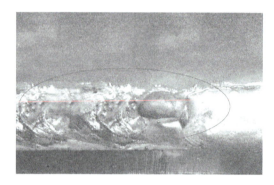

图 8-46　沙眼

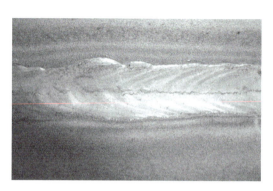

图 8-47　裂纹

在室外施焊时，尤其是冬天、大风和冷空气的环境中，焊缝的冷却速度加快，冷热区域分界过于明显，也会产生裂纹。

预防：在施焊前要了解钢材的材质，选用和材质相符的焊条，在必要时可采用焊前加温，焊后保温的措施；防止裂纹也可采用敲击法进行应力消除，确保焊接质量。

5. 咬边

咬边现象的主要原因是焊工本身的技术问题，焊工在操作全方位焊接时，立、平、横、仰的电流选择上，同样的焊条直径对焊接电流是不同的，平焊时为 120A 左右，仰焊时为 90A 左右。焊条对焊缝角度的不正确，也是咬边的一个重要原因。在焊接过程中，焊条的角度不是不变的，而是随着焊位的变化而变化。咬边如图 8-48 所示。

6. 弧坑与龟裂

在焊接中弧坑是在焊接告一段落时，咬尾所产生的缺陷，有时也伴随着龟裂，这是收弧速度过快或是电流过大造成的。弧坑如图 8-49 所示。

图 8-48 咬边

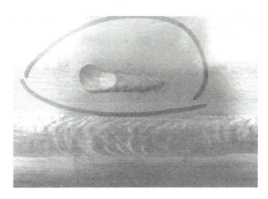

图 8-49 弧坑

预防：在收弧时焊条可在溶池中少加停留，给弧坑一个填充时间，然后再起弧，或收弧后在弧坑处再加点焊，这样可避免弧坑和弧坑龟裂现象。

8.5.4 焊接工艺

在幕墙施工中，一般使用钢材的型号为 Q235 钢，中碳钢、高碳钢及合金钢使用极少。

焊条直径采取 $\phi3.2$ 的居多，角码与埋件的厚度不超过 12mm。一般情况下不需要特殊的焊接工艺，对不同厚度的钢板进行施焊时，方法也不同：6mm 以下的钢板对焊时，不用开坡口，但两工件之间的间隙为 3mm；8mm 以上的钢板对接时一般采用单面 45°坡口，或双面 45°坡口，坡口纯边为 3mm，间隙为 2mm。焊缝的宽度应不小于板厚尺寸。当钢板在搭接焊接时，12mm 以下的钢板可不必开坡口。为使焊缝增加强度，焊缝的表面形状呈弧状。

受现场的工作条件制约，焊件的背面就是建筑结构。在需要补板对接时，可采用单面焊接双面成形的焊接工艺来完成工件的施焊，焊接采用 $\phi3.2$、J422 低碳钢焊条，电流可在 90~130A 之间选择。

热镀锌钢材在幕墙施工中广泛使用，由于热镀锌与冷镀锌不同，热镀锌能侵入钢材表面，焊接时锌层给焊接带来不利因素，所以在施焊时电流比一般钢材的焊接电流要略大些，使锌在 6000~8000℃溶池中能尽快熔解、浑发。如果镀锌层得不到燃烧、浑发，焊缝的质量就达不到技术要求强度。

锌在挥发的同时会带来有害气体和粉尘，施焊人员要对焊接时的位置进行选择，注意个人防护，避免锌中毒事件发生。

在施焊点玻件时要注意焊接时的热变形，要采用对角、对面的对称焊接方法，必要时也可做工装来约束工件的变形，以免造成损失。

预埋件在预埋时，有时埋板会错位或不平，要注意的是埋板一定要垫平、垫实，角码与埋板之间不许有空洞现象，否则即使焊缝很规范，但如果有了空洞现象，就会造成根基不稳，杆件上晃严重，对结构影响很大。

8.5.5 焊接检查

1. 焊接的表面质量和内在质量

（1）表面质量 验收要无沙眼、气孔、裂纹、夹渣、咬边和弧坑过大为宜，焊缝要直，形如鱼背，纹路均匀即可。

（2）内在质量 采用正负压力试验，以是否有泄漏压力来决定质量的好坏。根据设计要求进行拉力试验、机械冲击试验、煤油渗透试验、探伤，它们都是焊接内在质量检验的手段。煤油试验时可将煤油涂在焊缝上，煤油的渗透力强，检查焊缝的背面是否有煤油渗过，没有煤油渗过则表明焊缝是合格的，反之是不合格的焊缝。

2. 在安全方面的检查

在脚手架上施工时，焊把线或氧气带不准缠绕在身体上，因为这样是很危险的，电线漏电、气管线燃烧会给施工人员带来生命危害的。护目镜、工作服、手套和绝缘鞋也是必备的个人防护。

焊接时，清除周边易燃物要用接火斗，防止火星下落，造成火灾。焊工要持证上岗，开具动火证，配备看火员以及消防器材，确保安全。

项目9　门窗工程施工

🔷》【导读】

　　本项目介绍了门窗分类、组成的知识，以典型的金属门窗为例，讲解其安装的工艺流程及施工要点。

🔷》【知识目标】

　　了解门窗的分类、组成；熟悉金属门窗的安装过程。

🔷》【能力目标】

1. 能够制定合理的施工方案，满足施工要求。
2. 在掌握施工工艺的基础上初步熟悉门窗安装的质量要求与验收标准。

任务9.1　门窗的分类及组成

9.1.1　门窗的分类

　　门窗一般由门（窗）框、门（窗）扇、玻璃、五金配件等部件组合而成。门窗的种类很多，各类门窗一般按开启方式、用途、所用材料和构造进行分类。

　　（1）按开启方式来分类　窗可以分为平开窗、推拉窗、上悬窗、中悬窗、下悬窗、固定窗等；门可以分为平开门、推拉门、自由门、折叠门等。

　　（2）按制作门窗的材质来分类　可分为木门窗（图9-1）、钢制门窗（图9-2）、铝合金门窗（图9-3）、塑钢门窗（图9-4）。

　　（3）按功能用途来分类　可以分为普通门窗、保温门窗、隔声门窗、防火门窗、防盗门窗、防爆门窗、装饰门窗、安全门窗、自动门窗等。

（4）按不同镶嵌材料分类　可分为玻璃窗、纱窗、百叶窗、保温窗、防风沙窗等。玻璃窗能满足采光的功能要求；纱窗在保证通风的同时，可以防止蚊蝇进入室内；百叶窗一般用于只需通风而不需采光的房间。

图 9-1　木门

图 9-2　钢制门

图 9-3　铝合金窗

图 9-4　塑钢窗

9.1.2　门窗的作用及组成

1. 门窗的作用

（1）门的作用

1）通行与疏散作用。门是对内外联系的重要洞口，供人通行，联系室内外和各房间；如果有事故发生，可供工人紧急疏散用。

2）围护作用。在北方寒冷地区，外门起到保温防寒作用。门要经常开启，是外界声音的传入途径，关闭后能起到一定的隔声作用。此外，门还起到防风沙的作用。

3）装饰作用。作为建筑内外墙重要组成部分的门，其造型、质地、色彩、构造方式等，对建筑的立面及室内装修效果影响很大。

（2）窗的作用

1）采光作用。各类不同的房间，都必须满足一定的照度要求，在一般情况下，窗口采光面积是否恰当，是以窗口面积与房间地面净面积之比来确定的。各类建筑的使用要求不同，采光标准也不相同。

2）通风作用。为确保室内外空气流通，在确定窗的位置、面积大小及开启方式时，应尽量充分考虑窗的通风功能。

3）其他作用。有时窗的作用并不局限于其自身的，在一定特殊情况下，窗可以作为逃生的备用通道；窗户经过改造之后也可以成为售卖店的销售窗口。

2. 门窗的组成

（1）木门窗　木门窗主要由门框、门扇、亮子、五金配件等部分组成。木门构造如图 9-5 所示。

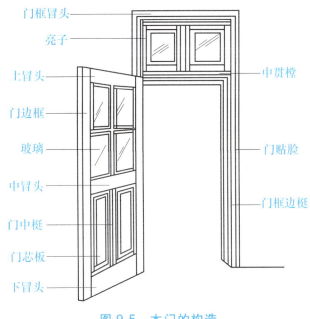

图 9-5　木门的构造

1）木门框：又叫门樘，以此连接门洞墙体或柱身及楼地面与顶底门过梁，用以安装门扇与亮子。门框一般由竖向的边梃、中梃及横向的上冒头、中冒头及下冒头组成。门框与墙体的结合处，应留有一定的空隙，并充分考虑门框两侧墙体抹灰等装饰处理层的厚度，其固定点的空隙用木片或硬质塑料垫实。另外，门框在墙体的位置分为墙中、偏里和偏外等。

2）木门扇：门结构中可自由开关的部分。

3）木窗扇：木窗扇安装玻璃时，一般将玻璃放在外侧，用小钉将玻璃卡牢，再用油灰嵌固；对于不受雨水侵蚀的木窗扇，也可用小木条镶嵌。

4）亮子：又叫腰头，指的是门上部类似窗的部件。亮子的主要功能为通风采光，扩大门的面积，满足门的造型设计需要。亮子中一般都镶嵌玻璃，其玻璃的种类常与相应门扇中镶嵌的玻璃一致。

5）门帘：门帘的作用是遮挡视线或隔绝冷热空气在门口处流动。门帘一般设置于门扇开启的另一侧，以不影响门扇的开启与闭合运动。门帘一般垂直悬挂于门帘箱中。门帘的材料有织物、穿线珠索、塑料网片等。

6）门帘箱：门帘的安装部件，设置于门洞口的上部，其长度大于门洞的宽度，其宽度应确保遮盖住门帘的悬吊装置，其高度应不低于门框上槛的顶面位置。

7）门套：门框的延续装饰部件，设置在门洞的左右两侧及顶部位置。门套可以采用木材、石材、有色金属、面砖等材料制成。

8）五金配件：合页、拉手、门锁、插销、门吸和闭门器等（图9-6）。

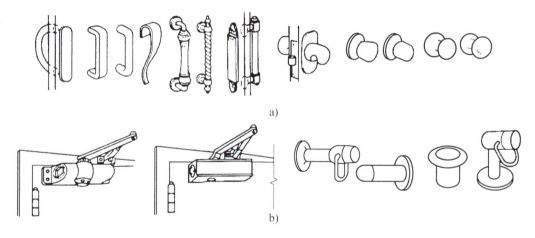

a）

b）

图9-6　拉手和门吸

a）拉手　b）门吸

（2）铝合金门窗　采用铝合金挤压型材为框、梃、扇料制作的门窗称为铝合金门窗，简称铝门窗。铝合金门窗包括以铝合金作受力杆件基材和木材、塑料复合的门窗，简称铝木复合门窗、铝塑复合门窗。

铝合金门窗是以门窗框料截面宽度、开启方式等区分的，如70系列表示门窗框料截面宽度为70mm。铝合金门窗选用的玻璃厚度一般为5mm或6mm；窗纱选用铝纱或不锈钢纱；密封条可选用橡胶条或橡塑条；密封材料可选用硅酮胶、聚硫胶、聚氨酯胶、丙烯酸酯胶等。铝合金推拉窗构造如图9-7所示。

（3）塑料门窗　塑料门窗通常也被称为塑钢门窗，是指外观为工程塑料聚

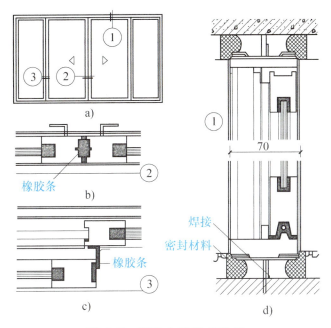

图 9-7　铝合金推拉窗构造

a）立面　b）②节点构造详图　c）③节点构造详图　d）①节点构造详图

氯乙烯（PVC），为了增加强度，内部衬有型钢的门窗。它既具有铝合金门窗的外观美，又具备钢窗的强度，它重量轻、强度高、抗老化、耐候性好、保温、隔热、隔音、防尘、防虫蛀、防腐、防潮、防火、阻燃、耐低温、抗风压能力强，而且表面色泽美观，装饰效果优良。

塑料门窗的构造如图 9-8 所示。

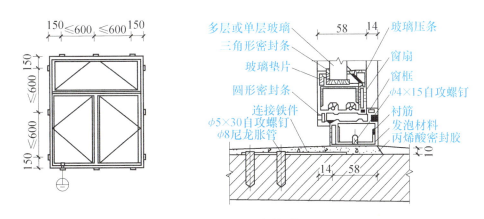

图 9-8　塑料门窗构造

（4）自动门与旋转门

1）自动门的结构精巧、布局紧凑、运行噪声小、开闭平稳、运行可靠。按门体材料分，有铝合金门、不锈钢门、无框全玻璃门和异型薄壁铜管门；按扇形分，有两扇形、四扇形、六扇形等；按探测传感器分，有超声波传感器、红外线探头、微波探头、遥控探测器、毡式传感器、开关式传感器和拉线开关或手动按钮式传感器自动门等；按开启方式分，有推拉式、中分式、折叠式、滑动式和平开式自动门等。无框全玻璃门构造如图9-9所示。

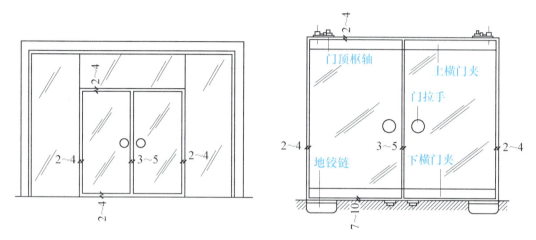

图9-9　无框全玻璃门构造

　　2）旋转门采用合成橡胶密封固定玻璃，活扇与转壁之间采用聚丙烯毛刷条，具有良好的密闭、抗震和耐老化性能。按型材结构分，有铝结构和钢结构两种。铝结构采用铝合金型材制作；钢结构采用不锈钢或20碳素结构钢无缝异型管制作。按开启方式分，有手推式和自动式两种；按转壁分，有两层铝合金装饰板和单层弧形玻璃；按扇形分，有单体和多扇形组合体，扇体有四扇固定、四扇折叠移动和三扇等形式。旋转门构造如图9-10所示。

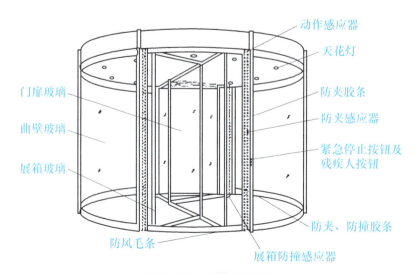

图9-10　旋转门构造

任务9.2　金属门窗安装施工

9.2.1　铝合金门窗施工安装（带钢副框）

1. 施工流程

测量放线→结构洞口检查→后补埋件处理→钢副框安装→间隙处理→铝合金框安装→玻璃扇安装→打胶密封。

2. 施工方法

（1）结构洞口检查　铝合金窗安装之前，依据施工图上的轴线、标高进行测量放线。放线完毕后，依据轴线与洞口的关系，将洞口与轴线的相对位置全部检查出来，依据标高尺寸，检查洞口的高低，记录汇总。洞口位置检查示意如图9-11所示（若有问题进行剔凿或其他处理）。

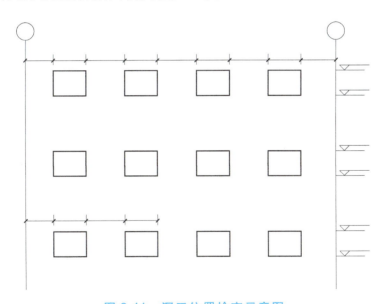

图9-11　洞口位置检查示意图

（2）钢副框角码位置的设置　端头部应设置为100～150mm，中间间隔为500～600mm（特殊情况设置为300mm一档），如图9-12所示。

（3）钢副框安装后的检查　钢副框就位后，进行垂直度、水平度的检查（图9-13），自检后填写隐蔽验收单，报监理验收。

（4）铝合金窗框安装　窗框与钢副框固定点需垫隔离垫，通过机制螺钉将窗框固定在钢副框上，同时吊锤线校水平，直至符合要求。

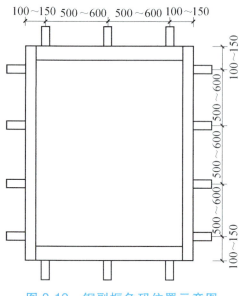

图 9-12　钢副框角码位置示意图　　　　图 9-13　钢副框水平、垂直位示意图

（5）开启窗的安装　滑撑或边杆安装之前做一个样棒，样棒供定位钻孔用，待孔钻完后进行窗扇的安装，调节直到符合要求，如图 9-14 所示。

3. 质量控制及质量要求

采用铝合金窗时，为保证安装质量，应从以下几个方面进行控制：

1）窗框槽口宽度、高度≤2000mm时，其安装误差控制在±1.0mm；窗

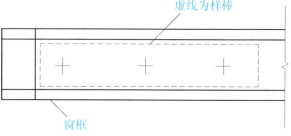

图 9-14　开启窗安装示意图

框槽口宽度、高度>2000mm 时，其安装误差控制在±1.5mm。

2）窗框槽口对角线尺寸≤2000mm 时，其安装误差控制在±1.5mm，窗框槽口对角线尺寸>2000mm 时，其安装误差控制在±2.5mm。

3）框、扇各相邻构件装配间隙≤0.3mm，同一水平高低差≤0.3mm。

9.2.2　铝合金门窗施工安装（无钢副框）

1. 施工流程

测量放线→结构洞口检查→铝合金窗框安装→开启扇安装→打胶密封。

2. 铝合金门窗安装工艺

（1）结构的检查　该部分内容参见 9.2.1 相关内容。

（2）铝框铁脚布置　两端点铁脚布置尺寸为 100～150mm，中间间隔为 500～600mm，特殊情况下为 300～400mm 间距。铝框铁脚位置如图 9-15 所示。

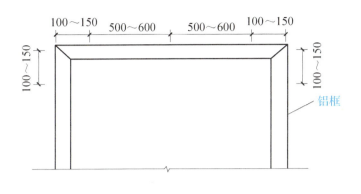

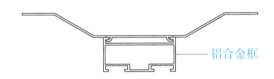

图 9-15　铝框铁脚位置示意图

（3）窗框安装　窗框就位后，采用木楔子进行上下左右的四周调整，木楔子调整应打在竖料或横料的顶端，待前后、左右、上下调整完毕后，再将铁脚通过锚栓与主体结构固定。窗框固定如图 9-16 所示。

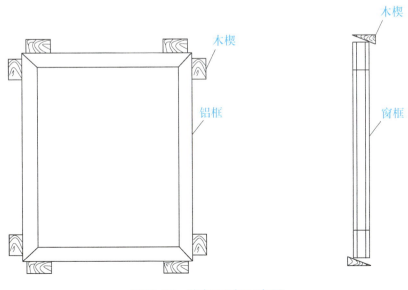

图 9-16　窗框固定示意图

（4）窗框安装后的检查 窗框安装后，还需进行垂直度、水平度的检查（图 9-17）。经过检查，窗框安装的各项指标达到标准要求，填写隐蔽单。报监理验收合格后，清洁混凝土面的灰尘，进行打发泡剂或填塞缝工作。在未打发泡剂之前先试打一块，计算一下发泡剂的体积膨胀系数（理论值为 1：60），在打发泡剂时注意避免污染型材表面。

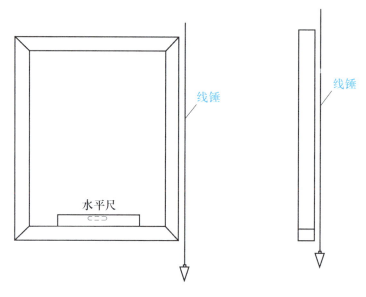

图 9-17 垂直度、水平度检查

（5）开启窗的安装 此部分内容参见 9.2.1 相关内容。

3. 质量控制及质量要求

该部分内容与铝合金门窗施工安装（带钢副框）相一致。

9.2.3 特种门安装施工

特种门窗与普通门窗相比，是具有特殊用途的门窗，其包括防火门、防辐射门、人防门、隔音门、防盗门、防爆门、防烟门、防尘门、抗龙卷风门、抗冲击波门、抗震门等。

以防火门为例，作为一种活动的防火分隔物，它除具有普通门的作用外，还必须在一定时间内，连同框架能满足耐火稳定性、完整性要求，具有防火、隔烟、阻挡高温的特殊功能。防火门及其组成如图 9-18、图 9-19 所示。

1. 施工方案编制依据

防火门安装施工组织的编制依据见表 9-1。

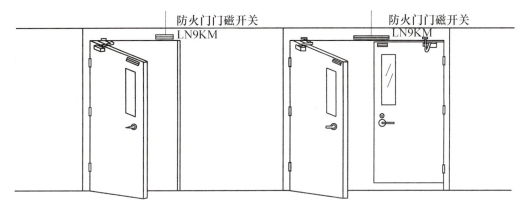

图 9-18　防火门

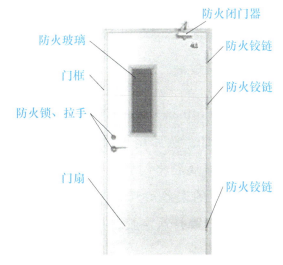

图 9-19　防火门的组成

表 9-1　防火门安装施工组织编制依据

序号		编制依据	编号
1	标准和规范	建筑设计防火规范	GB 50016—2014
2		汽车库、修车库、停车场设计防火规范	GB 50067—2014
3		防火门	GB 12955—2008
4		防火卷帘、防火门、防火窗施工及验收规范	GB 50877—2014
5		建筑内部装修设计防火规范	GB 50222—2017
6	标准图集	防火门窗	12J609

2. 主要施工方法

（1）施工步骤　安装人员应在熟悉工程现场和产品安装示意图后，按以下步骤进行安装：

1) 门框安装。

① 安装前首先门框码放整齐,填充水泥砂浆,填充整齐饱满,待门框内水泥砂浆干固后,运至安装洞口位置,确定安装位置、门的规格尺寸及开启方向。

② 门框安装前打好安装孔。

③ 安装紧固螺栓 $\phi8×100$ 与墙体固定牢。

④ 正确安装门框:框直立不能扭曲,紧固螺栓紧固均匀;内口直角、水平、垂直误差均不能超过 1mm,对角线误差均不能超过 2mm。

⑤ 木楔临时固定,以便样门调整间隙或工装找正。

⑥ 有砌筑墙体的洞口,门框立于墙体居中固定;有精装干挂石材的洞口,门框从走道一面进洞口 200mm;风机房、库房、储藏间等房间从外墙面进 200mm,同前室防火门安装位置保持一致。门框与墙体空隙应进行水泥砂浆抹灰收口。

2) 门套安装。门套安装前,首先待防火门框与墙体之间抹灰收口完毕后,门套和门头板做基层,基层采用 40mm×40mm 角钢与石材干挂钢构焊接,固定间距不大于 600mm,要求垂直水平,然后用自攻螺钉将阻燃板与角钢固定,阻燃板安装固定与石材口齐平,用玻璃胶将门套门头板粘接贴实牢固、平整。水平、垂直误差范围:尺寸≤2000mm 的误差≤3mm。对角、接口、阴阳角处使用同门框和门套门头板颜色一致的玻璃胶打八字胶,打胶要求横平竖直、均匀美观;并注意石材成品保护和其他成品保护。

3) 门扇安装。

① 防火门铰链采用轴承铰链。

② 铰链轴线要垂直,不能移位,在 49N 拉力作用下,门扇灵活转动 90°不反弹、不倾斜。

③ 防火锁具、闭门器采用经国家质量监督检验中心检验合格并有检测报告的高档锁具,安装牢固开启灵活。

④ 门扇与门框的搭接宽度不应小于 8mm,门扇与门框的配合活动间隙不大于 4mm。

⑤ 门扇与地面的间隙不应大于 10mm,门扇表平面不平度不大于 3mm。

⑥ 门扇、门框对角线尺寸,门扇外形尺寸误差范围;尺寸≤2000mm 的误差≤3mm;尺寸 2000~3500mm 的误差≤4mm;尺寸≥3500mm 的误差≤5mm。

4) 防火门调试验收要求。防火门五金(防火锁执手和防火锁芯盖板颜色与防火门颜色一致；闭门器、闭门器反装板、合页、顺序器、暗插销锁芯均为银灰色和不锈钢原色）、门扇启闭调试，门上粘贴防火门标识。

5）质量控制措施。验收标准：

① 门扇与门框的搭接宽度不应小于8mm。

② 门扇与门框的配合活动间隙不大于4mm。

③ 门扇与地面的间隙不应大于5mm，门扇表平面不平度不大于3mm。

④ 门扇、门框对角线尺寸，门扇外形尺寸误差范围符合要求。

项目10　成品保护措施

【导读】

本项目介绍了施工现场的成品、半成品保护的概念及范围，着重讲解幕墙工程及门窗工程对成品保护采用的具体措施和办法。

【知识目标】

1. 了解成品保护的概念、意义和价值。
2. 熟悉成品保护涉及的专业及措施。

【能力目标】

1. 能够根据工程特点，编写适合工程要求的成品保护制度、方案。
2. 能够对现场出现的成品保护问题提出合理的解决方法。

任务10.1　成品保护概述及成品保护机构

10.1.1　成品保护概述

质量被誉为提高企业效益和竞争能力的最重要的商业手段，工程在运作中如何加强已完成和未完成项目的成品保护，也属于工程质量管理的重要环节。做好成品保护，也是企业维护自有品牌的不可缺少的施工管理措施，也有利于提升企业的履约形象和社会信誉。

1. 成品保护的概念

成品保护是贯穿施工全过程的关键性工作，是在施工过程中对已完成的或部分完成的检验批、分项、分部工程及安装的设备、五金件等成品、半成品进行保护，避免因交叉作业，造成成品污染或机械损伤。成品保护是施工管理的重要组成部分，是工程质量管理、项目成本控制和现场文明施工的重要内容之一。

2. 成品保护涉及的范围

成品保护涉及多工种、工序，涵盖工程项目施工的各阶段，参见表 10-1。

表 10-1　成品保护范围

专业	分部、分项工程	举例
土建施工	模板工程 钢筋工程 混凝土工程 砌筑工程 防水工程	制作和绑扎的钢筋，模板，浇筑的混凝土构件（尤其是楼梯踏步、结构墙、梁、板、柱及门窗洞口的边、角等部位），砌体等；以及地下室、卫生间、盥洗室、厨房、屋面等部位的防水。
装饰装修		墙面、顶棚、楼地面、地毯、石材、木作业、油漆及涂料、门窗及玻璃、幕墙、五金、楼梯饰面及扶手等。
设备安装	电气系统工程 给水排水系统工程 消防系统工程 燃气系统工程	安装的消防箱、配电箱、配电柜、插座、开关、烟感器、喷淋设施、散热器、空调风口、卫生洁具、厨房器具、灯具、阀门、管线、水箱、设备配件等。安装的高低压配电柜、空调机组、电梯、发电机组、冷水机组、冷却塔、通风机、水泵、强弱电配套设施、风机盘管、智能照明设备、中水设备、厨房设备等。

10.1.2　成品保护机构

如何进行成品保护将对整个工程的质量产生重要的影响，必须重视并妥善地进行好成品保护工作，才能保证工程优质高速地进行施工。这就要求成立成品保护专项管理机构，它是确保成品、半成品保护得以顺利进行的关键。通过这个专门机构，对制作、运输堆放、施工安装及已完幕墙成品进行有效保护，确保整个工程的质量及工期。

成品保护管理组织机构必须根据工程实际情况制定具体成品、半成品保护措施及奖罚制度，落实责任单位或个人；然后定期检查，督促落实具体的保护措施，并根据检查结果，对贡献大的单位或个人给予奖励，对保护措施不得力的单位或个人采取相应的处罚手段。

施工单位一般在幕墙工程制作安装过程中，成立成品保护小组，制订成品保护实施细则，负责成品和半成品的检查保护工作，如图 10-1 所示。

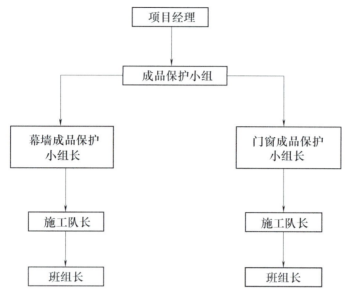

图 10-1　成品保护管理组织机构图

任务 10.2　幕墙成品保护措施

在幕墙生产制造过程中，幕墙成品保护工作显得十分重要，因为幕墙工程既是围护工程，又是装饰工程，在制作、运输、安装等各环节均需有周全的成品保护措施，以防止构件、工厂加工成品及幕墙成品受到损坏，否则将无法确保工程质量。任何单位或个人忽视了此项工作均将对工程顺利开展带来不利影响，因此需要制订完善的成品保护措施。

10.2.1　生产加工阶段成品保护措施

1）成品在放置时，在构件下安置一定数量的垫木，禁止构件直接与地面接触，并采取一定的防止滑动和滚动措施，如放置止滑块等；构件与构件需要重叠放置的时候，在构件间放置垫木或橡胶垫以防止构件间碰撞。

2）型材周转车、工器具等，凡与型材接触部位均以胶垫防护，不允许型材与钢质构件或其他硬质物品直接接触。

3）型材周转车的下部及侧面均垫软质物。

4）构件放置好后，在其四周放置警示标志，防止工厂在进行其他吊装作业时碰伤本工程构件。

5）成品必须堆放在车间中的指定位置。

6）玻璃周转用玻璃架，玻璃架上设有橡胶垫等防护措施。

7）玻璃加工平台需平整，并加垫毛毡等软质物。

10.2.2 包装阶段成品保护措施

1. 金属材料包装

1）不同规格、尺寸、型号的型材不能包装在一起。

2）包装应严密、牢固，避免在周转运输中散包，型材在包装前应将其表面及腔内铝屑及毛刺刮净，防止划伤，产品在包装及搬运过程中避免装饰面的磕碰、划伤。

3）铝板及铝型材包装时要先贴一层保护胶带，然后外包牛皮纸；产品包装后，在外包装上用水笔注明产品的名称、代号、规格、数量、工程名称等。

4）包装人员在包装过程中发现型材变形、装饰面划伤等产品质量问题时，应立即通知检验人员，不合格品严禁包装。

5）包装完成后，如不能立即装车发送现场，要放在指定地点，摆放整齐。

6）对于组框后的窗尺寸较小者可用纺织带包裹，尺寸较大不便包裹者，可用厚胶条分隔，避免相互擦碰。

2. 玻璃包装

1）为了某些功能要求，许多幕墙玻璃都经过特殊的表面处理，包装时应使用无腐蚀作用的包装材料，以防损害面板表面。

2）包装箱上应有醒目的"小心轻放""向上"等标志。

3）包装箱应有足够的牢固程度，应保证产品在运输过程中不会损坏。

4）装入箱内的玻璃应保证不会发生互相碰撞。

3. 石材的包装

石材板材包装应根据数量及运输条件等因素具体决定。

1）对于长距离运输，一般多采用木箱包装。将板材光面相对，顺序立放于内衬防潮纸的箱内，或2~4块用草绳扎立于箱内，箱内空隙必须用富有弹性的软材料塞紧。木箱板材厚度不得小于20mm，每箱应在两端加设铁腰箍，横档上加设铁包角。

2）草绳包装有两种情况，一种是将光面相对的板材用直径不小于10mm的草绳沿长、宽方向顺序缠绕，不使产品外露，并捆扎牢固。另一种包装是将光面相对的板材用直径不小于 10mm 的草绳按"井"字形捆扎，每捆扎点不应该少于 3 道。板材包装后，应有板材编号或名称、规格和数量等标志。包装箱及外包装绳上必须有"向上""防潮""小心轻放"的指示标志，其符号及使用方法应符合《包装储运图示标志》（GB/T 191—2008）的规定。

10.2.3　运输过程中成品保护措施

1. 单元体的运输

1）单元体的运输应根据工程特点而特别设计专用转运架，如图 10-2 所示。每个转运架都是相对独立的，又都能相互重叠插接在一起，各个架子可随意组合，但一般组合数量不超过 5 个。转运架铺有保护性毛毡，使板块与转运架柔性接触，以防板块破损。运输时，每个板块在各自的转运架上，按照顺序号装车叠起。转运架大小根据板块和车型设计。卸车时一般需借助起重机及叉车完成。在运输过程中，幕墙板块应平放在运输架上，四周用压块压紧，避免产生滑移引起划伤。

2）根据工程单元体板块尺寸大小和重量，每个专架装三到四块单元板。根据以往单元体板块运输经验，拟选用适宜载重量的货车来运输单元体；为防止单元体板块变形，在运输时板块必须平放，禁止立放。运输时两单元体板块互相不接触，每单元体板块独立放于一层。周转架下安装专用滑轮，并可靠固定，以保证单元体板块在途中不被破坏。单元体用车如图 10-3 所示。

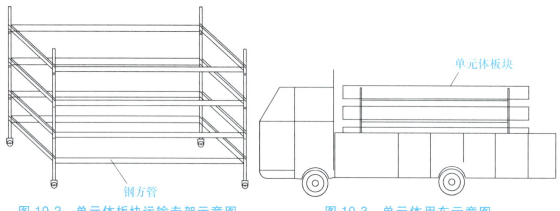

图 10-2　单元体板块运输专架示意图　　图 10-3　单元体用车示意图

2. 玻璃板块的运输

1）玻璃板块装车时需立放，底部铺垫草垫，不允许单元体之间留有大空隙，板块间需用草垫隔离，不允许板与板、板与其他硬物直接接触，并估计运输中有无可能产生使板与硬物挤压变形的窜动。

2）用专用车将玻璃板运输到安装位进行安装。在运输过程中玻璃板应用绳子扎牢，防止玻璃板跌倒破损。运输过程中应避免发生碰撞，轻拿轻放，严防野蛮装卸。

3）玻璃板应放在玻璃中储区内的专用玻璃存储架上保存，并安排专人管理。

3. 构件及型材的运输

1）构件与构件间必须放置一定的垫木、橡胶垫等缓冲物，防止运输过程中构件因碰撞而损坏。

2）在整个运输过程中为避免构件表面损伤，在构件绑扎或固定处用软性材料衬垫保护。

3）铝合金型材装车时应在车厢下垫减振木条，顺车厢长度方向紧密排放。型材摆放高度超出车厢板时，需捆扎牢固。型材不能与钢件等硬质材料混装，摆放需整齐、紧密不留空隙，防止在行驶中发生窜动而损伤产品。

4）散件按同类型集中堆放，并用钢框架、垫木和钢丝绳进行绑扎固定，杆件与绑扎用钢丝绳之间放置橡胶垫之类的缓冲物。

5）运输中应尽量保持车辆行驶平稳，路况不好时注意慢行。

6）运输途中应经常检查货物情况。

7）公路运输时要遵守相应规定，如货车满载加固及超限货物运输规则。

4. 石材的运输

1）搬运时要轻拿轻放，严禁摔滚，直立码放时必须背面边棱先着地。

2）石材板材单块面积超过 $0.25m^2$ 时，一律直立搬运。大型产品用起重工具搬运时，其受力边棱必须衬垫。

3）木箱包装的产品，用起重设备装卸时，每次吊装以一箱为宜。草绳包装的产品搬运时，不得提拉草绳。

4）装车码放应按照存储的要求进行，运输过程中要求平稳，严禁碰撞。

10.2.4　施工现场成品保护措施

1. 对到工地半成品的检查

1）产品到工地后，未卸货之前，对半成品进行外观检查。首先检查货物装运是否有撞击现象，撞击后是否有损坏，有必要时撕下保护膜进行检查。

2）检查半成品保护膜是否完善，无保护膜的是否有损伤，无损伤的，补贴好保护纸后再卸货。

2. 搬运

1）装在货架上的半成品，应尽量采用叉车、起重机卸货，避免多次搬运造成半成品的损坏。

2）半成品在工地卸货时，应轻拿轻放，堆放整齐。卸货后，应及时组织运输组人员将半成品运输到指定装卸位置。

3）半成品到工地后，应及时进行安装。来不及安装的物料摆放地点应避开道路繁忙地段或上部有物体坠落区域，应注意防雨、防潮，不得与酸、碱、盐类物质或液体接触。

4）玻璃用木箱包装，便于运输也不易被碰坏。

3. 堆放

1）构件进场应堆放整齐，防止变形和损坏，堆放时应放在稳定的枕木上，并根据构件的编号和安装顺序来分类。构件堆放场地应做好排水，防止积水对构件的腐蚀。

2）待安装的半成品应轻拿轻放，长的铝型材安装时，切忌尾部着地。

3）待安装的材料离结构边缘应大于 1.5m。

4）五金件、密封膏应放在五金仓库内。

5）幕墙各种半成品的堆放应通风干燥、远离湿作业。

6）从木箱或钢架上搬出来的板块及其他构件，需用木方垫起 100mm，并不得堆放挤压。

7）施工现场临时存放的材料，可以按相关单位自行制订的产品存储要求进行存储和维护。

10.2.5 施工过程中的成品保护措施

1. 拼装作业时的成品保护措施

1）在拼装、安装作业时，应避免碰撞、重击。减少在构件上焊接过多的辅助设施，以免对母材造成影响。

2）拼装作业时，需在地面铺设刚性平台，搭设刚性胎架进行拼装。拼装支撑点的设置，要进行计算，以免造成构件的永久变形。

2. 吊装过程的成品保护

1）用起重机卸半成品时，要防止钢丝绳收紧将半成品两侧夹坏。

2）吊装或水平运输过程中对幕墙材料应轻起轻落，避免碰撞和与硬物摩擦；吊装前应细致检查包装的牢固性。

3. 龙骨安装时的成品保护

1）施工过程中铁件焊接必须有接火容器，防止电焊火花飞溅损伤单元体及其他材料。

2）防止龙骨吊装时对幕墙的撞击及酸、碱、盐类溶液对幕墙的破坏。

3）做防腐处理时避免油漆掉在各产品上。

4. 面材安装时的成品保护

1）所有面材用保护膜贴紧，直到竣工清洗前撕掉，以保证表面不轻易被划伤或受到水泥等腐蚀。

2）玻璃吸盘在进行吸附重量和吸附持续时间检测后方能投用。

3）为避免破坏已完工的产品，施工过程中必须做好保护，防止坠落物损伤成品。

4）打胶前应先在面材上贴好美纹纸，防止污染面材。

5）贴有保护膜的型材等在胶缝处注胶时应用手将保护膜揭开，而不允用小刀直接在玻璃上将保护膜划开，以免利器损伤玻璃镀膜。

6）在操作过程中若发现砂浆或其他污物污染了饰面板材，应及时用清水冲洗干净，再用干抹布抹干。当冲洗不净时，应采用其他的中性洗洁液清洗或与生产厂商联系，不得用酸性或碱性溶剂清洗。

7）在玻璃的全部操作过程中均须避免与锋利和坚硬的物品以一定压强直接接触。

5. 已装幕墙的保护

幕墙保护如图 10-4 所示。

1）设置临时防护栏，防护栏必须自上而下用安全网封闭。

2）安装上墙的饰面板块在未检查验收前不得将其保护膜拆除。

3）为了防止已装板片污染，在板片上方用彩条布或木板固定在板口上方，在已装单元体上标明或做好记号。特别是底层或人可接近的部位应用立板包裹扎牢，未经交付不得剥离，有损坏及时补上。对开启窗应锁定，防止风吹打、撞击。

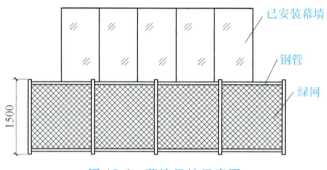

图 10-4　幕墙保护示意图

4）幕墙在施工过程中或施工结束后，用保护材料将室内暴露部分遮盖，暂时密封保护，以防止其他施工项目破坏幕墙。对于临时保护措施，其他施工人员也须加以维护，不得随便拆除保护材料；其次派专职安全员每天进行巡回检查，一是检查临时保护措施的完整性，若有破坏，需马上重新维护，二是防止其他人员的人为破坏。

任务 10.3　门窗半成品、成品保护措施

门窗成品保护分成品、半成品保护和安装后成品保护，具体要求如下。

10.3.1　成品、半成品保护

1. 门窗存储

1）门窗及门窗五金从生产厂运到工地，应选择洁净、无污染源的车等工具运输。

2）存放门窗的库房应通风、干燥，无热源或腐蚀性介质侵袭。

3）库房场地应平整，地面上垫枕木，枕木顶面离地应不少于 200mm。

4）门窗框扇应按型号、规格分类编号捆扎竖放，两端支撑撑牢，型号、规格挂牌标明。五金配件应分类装箱，配套存放。

2. 门窗防护

铝合金等门窗框保护膜胶带，应粘贴完整。

3. 搬运、吊装

1）门窗框扇搬运、吊装，应采用托架承托或集装箱装箱。

2）搁置在托架上的门窗应垫实平稳，绑扎牢固，谨防碰损边棱。

4. 现场堆放

1）需在现场组合拼装的门窗，应逐件检查，按图拼装，随拼随装，切忌随地乱甩。

2）等待安装的门窗，应及时覆盖，不得日晒雨淋。

10.3.2 安装后成品保护

1. 防污染

1）门窗框安装应安排在地面、墙面湿作业完成之后。

2）无保护胶带的门窗框，抹门窗套水泥砂浆时，门窗框上应贴纸或用塑料薄膜遮盖保护，以防框子被水泥浆污染。亦可采取先粉刷门窗套后安装门窗框等措施。

3）窗框四周嵌防水密封胶时，操作应仔细，油膏不得污染窗框。

4）外墙面涂刷和室内平顶、墙面喷涂时，应用塑料薄膜封严门窗。

5）内墙面裱糊作业，胶黏剂切勿涂刷到门窗上。

6）室内建筑垃圾，应从垃圾通道或装入盛灰容器内向下转运，不得从窗口向外倾倒。

7）不得在室内拌和水泥砂浆，以防水泥灰喷污门窗。

8）管道试压泄漏，室内地坪清洗，其污水不得从窗口倾倒。

9）不得在门窗上涂写。

2. 防撞击、划痕

1）门窗框铁脚或副框与预埋铁件焊接，不得在门窗上打火以免烧伤门窗框。

2）搭、拆、转运脚手杆和跳板，其材料不得在门窗框扇上拖拽。安装管线及设备，应防止物料撞坏门窗。

3）门窗扇安装后，随即安装五金配件，关窗锁门，以防风吹损坏门窗。如门窗未装锁，钢（含塑料）窗扇未装撑挡，则应用木楔塞紧以防开启，并有专人管理。

4）不得在门窗上锤击、钉钉子或刻划。清洁门窗，不得用刀刮或硬物擦磨。

5）嵌玻璃压条不得划伤框面，胶液随手擦净。

参 考 文 献

［1］ 张长友. 建筑装饰施工与管理［M］. 2 版. 北京：中国建筑工业出版社，2004.

［2］ 朱治安，顾建平. 建筑装饰施工组织与管理［M］. 天津：天津科学技术出版社，2005.

［3］ 安德锋，付德才. 建筑装饰施工组织与管理［M］. 2 版. 北京：北京理工大学出版社，2016.

［4］ 阳小群，童腊云，曾梦炜. 装饰装修工程施工［M］. 北京：北京理工大学出版社，2016.

［5］ 许炳权. 装饰装修施工技术［M］. 北京：中国建材工业出版社，2003.

［6］ 张明轩. 怎样进行装饰装修工程概预算编制［M］. 北京：中国电力工业出版社，2011.

［7］ 郝永池. 幕墙装饰施工［M］. 北京：机械工业出版社，2016.

［8］ 雍本. 幕墙工程施工手册［M］. 2 版. 北京：中国计划出版社，2007.

［9］ 李继业，邱秀梅. 建筑装饰施工技术［M］. 2 版. 北京：化学工业出版社，2011.

［10］ 李继业，田洪臣，张立山. 幕墙施工与质量控制要点·实例［M］. 北京：化学工业出版社，2016.

［11］ 刘娜. 建筑装饰施工技术［M］. 北京：高等教育出版社，2016.

［12］ 李健，郜烈阳. 建筑装饰装修工程施工工艺标准［M］. 北京：中国建筑工业出版社，2003.